被 记忆
改造的我们

脑科学的秘密

［德］鲍里斯·尼古拉·康拉德 著
（Boris Nikolai Konrad）

陈轶男 译

北京联合出版公司
Beijing United Publishing Co.,Ltd.

图书在版编目（CIP）数据

被记忆改造的我们：脑科学的秘密 / (德) 鲍里斯·尼古拉·康拉德著；陈轶男译. --北京：北京联合出版公司，2022.4（2023.2重印）
ISBN 978-7-5596-3763-5

Ⅰ.①被… Ⅱ.①鲍… ②陈… Ⅲ.①记忆术—通俗读物 Ⅳ.①B842.3-49

中国版本图书馆CIP数据核字（2019）第227089号
北京市版权局著作权合同登记 图字：01-2019-6509

ALLES NUR IN MEINEM KOPF: Die Geheimnisse unseres Gehirns
by Boris Nikolai Konrad
Copyright © 2016 by Boris Nikolai Konrad and Ariston Verlag,
a division of Penguin Random House Verlagsgruppe GmbH, München

Simplified Chinese edition copyright © 2022 by Beijing United Publishing Co., Ltd.
All rights reserved.
本作品中文简体字版权由北京联合出版有限责任公司所有

被记忆改造的我们：脑科学的秘密

作　者：	[德]鲍里斯·尼古拉·康拉德（Boris Nikolai Konrad）
译　者：	陈轶男
出品人：	赵红仕
出版监制：	刘　凯　赵鑫玮
选题策划：	联合低音
特约编辑：	王冰倩
责任编辑：	周　杨
封面设计：	奇文云海
内文排版：	黄　婷

北京联合出版公司出版
（北京市西城区德外大街83号楼9层　100088）
北京联合天畅文化传播公司发行
北京美图印务有限公司印刷　新华书店经销
字数157千字　880毫米×1230毫米　1/32　8.25印张
2022年4月第1版　2023年2月第2次印刷
ISBN 978-7-5596-3763-5
定价：58.00元

关注联合低音

版权所有，侵权必究
未经许可，不得以任何方式复制或抄袭本书部分或全部内容
本书若有质量问题，请与本公司图书销售中心联系调换。电话：（010）64258472-800

目 录

中文版前言 /1
前 言 /3

第一章 记忆是什么 /001

"我刚刚还记得呢" /012
"这应该在别的记忆里" /022

第二章 脑中（没）有硬盘 /035

你带脑子了吗 /035
脑中的硬盘在哪里 /056
人人都有超强大脑 /067
睡上一晚上 /090
一生一世 /098

生病的大脑 /115

闪　回 /124

第三章　**学习、回忆和遗忘** /127

学　习 /127

人、图、情绪 /144

回　忆 /169

遗　忘 /182

第四章　**记忆训练** /187

不用则退 /187

锻炼脑变聪明 /189

记忆技巧 /196

不过我有手机啊 /226

是否一切皆有可能 /231

致　谢 /241

重要文献和资料 /243

注　释 /251

中文版前言

亲爱的读者：

能为本书的中文版写前言，我感到非常荣幸。

早在2005年，我就来过中国，那是我第一次登上中央电视台的《想挑战吗？》。后来，我到过中国很多不同的地方，在中央电视台《吉尼斯中国之夜》上创造过记忆数字的世界纪录；与德国队一起角逐过世界记忆冠军；在《最强大脑》上与王峰两次扣人心弦的对决还使更多中国观众认识了我。

著名的认知神经学者Dr.魏（魏坤琳）是我在实际工作中就已熟识的。同为神经学者，我自2010年以来一直在研究训练记忆时脑中发生的情况。

因为这是真的：记忆艺术家在电视上展示的近乎完美的记忆力其实是基于记忆技巧和大量的训练。这并不是高智商或是与生俱来的能力，我在世界各地的许多重要讲座中证明过这一点，让参与者学习并亲身体验，他们的记忆力确实立即得到了改善。

每个人脑海中的记忆机制都一样,但是由于使用的语言不同,我的母语德语中的一些例子不能简单地按字面翻译。因此,我为中文版准备了一些全新的示例。在此感谢我的朋友约翰内斯·周(Johannes Zhou),他做出了很多贡献。

除了德语,我可以说流利的英语和荷兰语,也学了一些中文。我的中文水平可以进行简短的交谈和阅读短信,但是还不够写一本书。因此也感谢译者轶男对本书的精心翻译。

近年来,科学界发现了很多关于我们的脑以及记忆如何工作的信息。对这个主题的热情促使我写了本书,希望以一种可以理解的方式讲解这些知识。我想让所有人都知道为什么遗忘是正常的、我们可以做些什么来更好地学习、有哪些类型的记忆,以及什么对我们的脑有益。

介绍记忆运动和记忆研究时,在中国受到的认可让我非常感动。我希望能够回馈一些东西。希望各位在阅读本书时得到乐趣,因为乐趣是最好的老师!

好好学习吧!

鲍里斯·尼古拉·康拉德

2022年1月

前　言

　　记忆，有着神奇的能力，也会犯莫名的错误。我们不懂它如何运作，但是希望它状态绝佳。一旦哪一次它不好用，我们就会十分恼火。好吧，这好像跟我们对自己家的汽车感觉差不多。只是，我们的记忆得不到同汽车一样多的认可和关注。有了好想法的时候，那是"我们自己"的想法，但是忘记事情的时候，那就是记忆力的错。很多人只有在刻意去忘记一件事情的时候才会意识到自己的记忆力有多好。问题就从这里开始出现了：记忆究竟是什么？我们有几种记忆？记忆内存应该去哪儿升级？还有，欸……刚才问了什么来着？

　　此刻你的手里正拿着一本前所未有的记忆之书。这当然也是一本关于大脑的书，因为如今我们知道这两者密不可分——我们记忆的内容，即"回忆"，是以某种方式被存储在大脑里的。在本书里你将会读到关于大脑如何记忆，为什么有些神经细胞对詹妮弗·安妮斯顿（Jennifer Aniston）念念不忘，还有的记忆系统维持不过一秒钟，等等。你会知道为什么大脑常常只是假装在回忆，还有我们是否真的永远不会遗忘。关于大脑有很多不靠谱的说法，比如创造力脑半球，或者90%以上的脑皮层需要被唤醒。至于唤醒的方法，当然就是喝对的饮料、用正确的独门技巧，或是在脑袋上贴最新型的机器。

作为心理学博士，我明白人们为什么会相信这些说法，但同时作为神经科学家，我也知道这些说法大部分是胡说八道。一般我都称自己为神经科学家，虽然叫"脑研究者"也对，但是把"神经科学"放在前面感觉更有范儿。此外，作为演讲者和记忆术行家，我也想让我的读者们开心。再也没有什么比深入浅出地举一些有趣的例子更可爱了。本书中不但在合适的时机有这类例子，也会在事情没那么简单的时候给出进一步的解释。在接下来的阅读中，你将跟我一起寻找大脑的硬盘；了解遗忘何时是正常的，何时不是；你将学到"学习"意味着什么；还会接触一些能显著提高记忆能力的技巧。

不过，你拿在手里的并不是一本训练手册。它不会像实用教程一样，给你一些时而有用、时而没用的简单建议。本书关注记忆本身：它是什么，它如何运作。了解这些之后，你自己就可以更好地判断，为了提高记忆力要做些什么，以及何时值得一试。只要愿意，你就真的可以成为"最强大脑"。这个脑你本来就有，它一直安安全全地装在你的脑壳里。从出生起，我们的脑就被置于世界之中，几年后，它就会让我们认识和了解人间，它可以学习任何语言、任何行为。不过，一个印度医生的脑和一个丹麦渔民的脑肯定是有区别的。脑的一生都在疯狂地学习，不断地优化，所以它偶尔忘记一个电话号码或是名字而不是编一个给我们是情有可原的。相反，那些号称对这类内容记得很牢的人，虽然常常会得到掌声，可至少在我们这儿不免要遭到怀疑。

最近，我会定期以记忆术行家的身份出现在电视节目或者演讲台上，因此我对这一领域的情况也相当了解。如今各种记忆大赛之间的竞争非常激烈，但是赛事的地位差异也很明显。我们一般看到的这类竞赛是娱乐节目的形式，比如德国版《最强大脑》（*Deutschlands Superhirn*）或者《才智秀》（*Grips-Show*），但其实这都算是比较不正规的比赛。很多人问我："记忆大师赛到底是什么？相当于不需要肌肉的奥运会？那是不是用测葡萄糖作为兴奋剂检测呢？因为选手要精力非常集中，观众们是不是很轻声地喝彩？"有些人想象中的记忆力世界冠军应该是超级理工宅，至少从《生活大爆炸》（*The Big Bang Theory*）开播以来，理工宅已经不再是不讨喜的形象。事实上，在正式比赛中，在记忆比赛里，能看到不同年龄的选手，他们通过记忆诸如名字、单词或数字等任务来选出最强者。选手为此需要大量训练，所以我一直认为，尽管没有肢体动作，它被称为一项"运动"也非常恰当。

在亚洲某些国家，记忆运动近几年发展非常迅速，它的地位也与在欧洲的很不一样。说一个很好的例子：2013年在伦敦举行的世界记忆大赛，蒙古队取得了团体第三名。队员们回国之后在机场受到了总统的接见，队长被评为"年度运动员"，并且在选秀节目中担任评委主席，地位相当于乌兰巴托的迪特尔·波伦（Dieter Bohlen）[1]。菲律宾得到了第二名。国家电视台直播了迎接参赛队伍归来的场面，就跟我们迎接拿到世界杯冠军的足球队一样。队员们后来在国会大厦接受表彰，有几位还得到全额资助成为专业选手。而我们德国的成绩是第一名，冠军！而且是卫冕！去机场把我接回家的人是我妈妈。我们本地报纸在第三版简单报道了这事，可惜还把我的名字写错了。

不过我也不想抱怨太多，毕竟我自己也常常有机会出镜，介绍这个我最爱的运动。经常有人问："康拉德先生，能不能说一下，你是什么时候发现自己会这个的？"他们感觉我一定是有特别厉害甚至变态的天赋。有时候我就说："很简单，我上大学学物理的时候，那只放射性蜘蛛咬了我一口，然后我就有这个本事了。"这当然是胡说，不过我大学时候确实是

---

[1] 德国著名音乐人。——译注（后文若无特殊说明，均为译注）

学物理的。关于这个老生常谈，正经回答是：顶级记忆力当然是通过后天训练达到的。

在高考之前，我在一个电视节目上看到韦罗娜·普斯（Verona Pooth，当时还没有改姓）被一个记忆教练教了几招之后，记忆力迅速提高很多。于是我就产生了"如果她可以，那我也行"的想法，从此开始接触这一领域。一些记忆技巧确实让我在大学时期受益匪浅，之前我是个成绩不错但也谈不上特别出众的学生，但是大学时期，我不但可以同时学习两个专业并拿到好成绩，而且还有时间留给我的新爱好——记忆运动。我读过的很多记忆实用教程书都没有真正解释记忆是如何运作的。为什么我们不是天生就什么都记得住？为什么学习这些技巧可以显著地提高记忆力？为什么之前从没有人告诉我？

于是我在写硕士毕业论文期间就想好了，与其去看物理和计算机方面的资料，还不如利用学校的学术数据库去查询关于学习和记忆力的文献。我想要知道更多这方面的知识。当然，也有一部分想法是希望发现一些鲜为人知的记忆技巧。开始的时候我的专业知识还比较欠缺，但是真的感觉发现了很多有趣的东西！所以毕业之后，我就决定利用这个时机换个专业方向——去慕尼黑读心理学博士，自己去研究世界上优秀记忆选手的脑。不用紧张，我没有去掀他们的脑盖儿，他们现在都活得挺好。

现在，我自己作为这一领域的学者，也可以参加最大的记忆研究学术大会了。我一直在想，为什么这些学术同人不把他们的知识普及给大众呢？在很大程度上，我就是因此才最喜欢作为活动上的演讲者或是以记忆专家的身份出现，这也是写作本书的初衷。我希望让更多的人有机会了解我们的记忆有多么神奇，它是如何工作的，为什么有时出差错，以及有哪些有趣的研究新成果与我们的学习和生活息息相关。

为了阅读方便，本书正文中的注释部分都很简短。相关的专业文章（通常是英文写就）可以在本书最后的学术文献中找到它们，通过谷歌学术（Google Scholar）或者其他类似工具可以找到网上的信息。这里还列出了一些视频地址，都是面向大众的相关演讲，比专业文献要通俗易懂，可以作为本书的最好补充。书中的插图是作为放松和辅助，同时也可以在读过一章之后用来自我检查：我可以就这个插图讲出些什么内容？每次读完一段，合上书想一想刚刚都读过了什么，绝对是记住书中内容的明智方法。如果你有关于本书的任何疑问、评论、赞赏或者批评，都可以写邮件到这个信箱：info@boriskonrad.de。

我可以保证，当你读完本书的时候，一定会对自己的记忆力有一个全新的认识，因为单是你的大脑本身就已经跟之前大有不同了。祝你和你的大脑都获得新知识，阅读愉快！

第一章

记忆是什么

> 记忆是我们的一切,失去记忆,就失去了所有。
> ——埃里克·坎德尔(Eric Kandel)

你们当中有谁觉得自己的记忆力很好?每当我在演讲开头提出这个问题时,几乎没有人会举手。这是当然了,大家都有过这种经历:想要回忆起某些学过或者记过的东西时,怎么也想不起来。很多人因为这样立刻会感觉:"哎呀,我的记忆力不太好。"还有更严重的:越来越多的人把爱人名字文在身上。不过这应该是因为感情深,是吧。

其实,这只是我们的感知造成的偏差。一般人找不到钥匙的时候会很生气,但是很少有人会说:"哎,你又带了钥匙啊!连着五次都没有忘,太厉害了!"而实际上,记忆力使我们能做到这一点确实是很厉害的。我们只有在记忆力不灵的时候才会想到它。患有阿尔茨海默病的人,不仅会失去记忆，整个人之前的性格到最后也会全部消失。正如世界上最著名的记忆研究者埃里克·坎德尔所说："失去记忆，就失去了所有。"我们所知、所能、所回忆的一切都是建立在记忆接受信息的能力上。

不过坎德尔另一句反向的说法"记忆是我们的一切"是不是成立，这倒是一个哲学问题了。首先要讨论的就是，脑是不是一切？在这个问题上，神经科学家当然很容易夸大脑的地位。但常常断然拒绝一切神经科学结论的某些哲学家也不怎么明智。今天，我们虽然知道信息是在神经细胞和通路中被编码、存放上几十年并被不断改写的，可还远远不能详细地解释这一切是如何运作的。不过，通过经典心理学和脑研究我们已经略知一二。

计算机的硬盘看起来很完美，其中的所有信息都能被精确地提取出来，与当初储存时分毫不差。与之相比，我们人类的记忆很健忘。但其实这样才好，正因为记忆力有着不断适应、诠释、重组信息的能力，我们才拥有那些计算机永远也达不到的智能。这样看来，偶尔找不到钥匙的代价根本不算什么。

记忆力在定义上是指生物神经系统中接收和调取信息的能力。而其中"巩固"这一中间环节格外有趣。我们对此几乎毫无察觉，它甚至会在睡眠中发生，却至关重要。单是这一个环节就会引发一些令人兴奋的结论，比如当我们想到记忆可以多么短暂。作为记忆运动员，我投入了很多精力去完善某些特定的长期记忆。作为脑研究者，我会关注这其中的科学道理。但最让我着迷的问题是——你肯定也一样——记忆力究竟是什么？这个问题没有一个简单确切的答案，但有不少有趣的知识。我很愿意与你分享我的看法。

记忆的演化

从何时开始有了记忆这个东西？同其他所有生物一样，现代人类也是演化的产物。我们在生物学上所属的种类叫作智人，是唯一有文化、历史和语言的生物。卓越的智慧使我们成为演化过程中唯一生存下来的人类，这都要感谢我们功能强大的脑。然而演化是漫长的，从最初无脊椎动物的神经细胞发展为人类的脑大约经历了 6.5 亿年。差不多在 20 万年前，现代人类以及最初的语言能力才开始出现。另一种理论认为，现代人类其实直到 10 万年前才出现，人类开始拥有明显的语言系统则是更近期的事情，大约在 3.5 万年前。

直到 1 万年前的新石器时代，人类才开始真正的定居生活：农业出现，新石器革命开始，聚居群体的人数开始增加。就在几千年前，我们的祖先还在过着与今天相比不算更轻松，但绝对更简单的生活。那时的人们只需要记住哪里有遮蔽物，哪里有食物以及哪里有危险就够了。社会性群体一般由几十个人组成，因此石器时代的人们不需要记很多名字、公司和手机号码，他们只需要知道对方是敌是友就可以。在平均寿命不到 30 岁的情况下，显然也不太需要担心老年失忆的问题。超越记号的书面文字只有不过几千年的历史而已。21 世纪的今天，我们已经开始担心现代科技对人类的作用，尤其是计算机和显示器对脑和记忆力的影响。曼弗雷德·施皮策（Manfred Spitzer）2012 年在《数字失忆症》（*Digitale Demenz*）一书中写道："新的媒介让人上瘾，长此以往会对人的身体，尤其是精神造成伤害……如果把脑力劳动交给外部机器，那么我们的记忆将会退化。"

这里还有一段话："新的媒介危险且有害，使用者不再运用自己的记忆力，因此它会导致人们的健忘……它使人产生错觉，以为自己懂了很多东西，但其实什么都没有懂。"也是施皮策说的吗？不，这是我翻译了一段柏拉图（Platon）虚构出的苏格拉底（Sokrates）和斐德若（Phaidros）的对话 [《斐德若》（*Phaidros*）274b，275]，这位古希腊哲学家以此来批评公元前 400 年时文字的发明和使用。

演化并不会停止。3.5 万年前石器时代人类的脑容量其实比现代人的还要大一点儿。然而从 1 万年前社会组织产生之后，尤其是柏拉图和施皮策这两段引言之间的 2500 年，演化却没有使我们的脑产生根本的改变。我们是凭借脑早就拥有的不可思议的学习能力才适应了今天的生活。由于人类的进步太过飞速，记忆力并没有随着现代社会的信息洪流甚或是文字的使用而得到优化。这是我们在研究记忆力和练习提高记忆力的时候始终需要注意的一点。

不要惊动流口水的狗[1]

苏联生理学家伊万·巴甫洛夫（Iwan Pawlow，1849—1936）靠他的狗成功地创造了一句俗语。巴甫洛夫每次给狗喂食前都给它们听铃铛的声音，一段时间之后，单是听到铃铛声就可以触发狗分泌唾液的行为。这种现象在人类身上也可以见到，比如夜店打烊前最后一轮的铃声一响，大多数人会立刻感觉口渴。

事实上，这里所涉及的就是记忆功能。狗看到食物会分泌唾液，这是与生俱来而非后天学习到的本能行为，而听到铃铛响声一般是不会有这种反应的。只有当外界刺激与行为反应建立起联系，形成了所谓的经典条件反射，行为反应才会出现，这相当于一种学习过程。反之，消除也是有可能的：建立起条件反射之后，如果狗经常听到铃铛响而不再得到食物，分泌唾液的反应会再次消失。那么狗忘记了这种联系吗？并不是。一旦铃铛声和食物再次结合到一起，狗的这一条件反射会迅速地恢复起来。

运用"响片训练法"的狗主人已经更进了一步。所谓响

---

[1] 德语俗语，意为不要去触发可能的风险。

片，是类似小孩子玩的一种叫"啪嗒蛙"的东西。好吧，现在的小朋友可能已经不用这个玩具了，但是有一款应用程序是玩这个用的。总之呢，响片是一种按一下就会发出信号的小东西。狗主人在训练一开始的时候总是按一下响片再给零食，这样就给狗建立了条件反射：响片一响，唾液就开始分泌。

然而让狗流口水并不是主人的目的。所以第二步，主人把响片用在希望狗做出的行为上。狗会发现，做出某一行为会听到响片声，而响片声代表了好吃的，是好东西。这样，狗很快就学会去做主人期望的行为。这个过程叫作操作条件反射。如果有人这时候想问：人是不是也一样呢？希望他想到的不是自己家的宝宝。当然，你如果去网上搜索"婴儿响片训练"，会发现搜索结果多得吓人。

人类当然也有各种各样的条件反射，它是学习的重要形式之一。在一个实验中,实验对象在看到某个特定形状时会受到电击。很短时间之后,这些实验对象再看到这一形状时,即使没有受到电击,也会有出汗和恐惧的反应。这就是经典条件反射。实验的最后,实验对象会得到一些奖励,使他们觉得参加实验还不错,下次愿意再来。这就是操作条件反射。

这一切已经在行为治疗中得到了令人满意的运用。比如对某种事物的恐惧感常常是由于脑中的某种假性关联。有蜘蛛恐惧症的人如果有足够的经历去发现盯着蜘蛛看并没有什么负面的后果,那么产生恐惧的反应模式就可以消除。即使在生物反馈疗法中,这种简单的学习模式也占据了一席之地。

在安慰剂的使用上我们也可以发现条件反射现象。巴甫洛夫在他的狗那里就得到了证实:他先是给狗注射导致呕吐的药物,经过一段时间之后,改成注射没有药物成分的针剂时,狗也同样出现了呕吐现象。这一过程反过来也有用,我们得到了吃药打针会很快康复的经验之后,即使是吃安慰药物或者注射生理盐水,也会感觉身体好了很多。

奶牛喝什么

顺便提一句,我最喜欢的球队叫 VfL!现在随便想个鲁尔区的城市吧。如果你知道波鸿 VfL 足球俱乐部,那么你想到波鸿而不是多特蒙德、埃森或者哈廷根的概率会因为我开头那句话变大很多。而我作为他们的球迷,听到这个词的自然反应还包括触发各种情感：难受、兴奋、痛苦和幸福等。这也是顺便说一下。

这种联系被称为"启动效应"（Priming Effekt）。它指的是先被提到的词语可能会改变后续的回答和联想。此时相关信息已经不在眼前了，因此启动效应当然也是跟记忆有关。从记忆研究的角度来说，这一现象有意思的地方在于，它在大脑中埋藏得相当深。在有些记忆缺失症患者自己已经回忆不起来的信息上，启动效应仍然存在。就我刚才的例子来说，这样一个患者可能已经不知道我最喜欢的球队名称缩写是什么，但是让他说一个城市的时候，他很有可能还是说波鸿。

启动效应似乎也体现在行为上。在一项研究中，实验对象先在第一个房间做完一组"老年"相关的题目，在不知道被观察的情况下，他们走去第二个房间的路上步伐会更慢。然而，在研究中毕竟是孤证不立，因此研究者会进一步探讨这个效应究竟在多大程度上有效。

启动效应和条件反射一样，都属于内隐记忆，也就是无意识进行的。记忆也发生于潜意识层面，因此我们可以把这一点利用起来，在很多事情上帮助自己脱颖而出。比如我在参加比赛之前会回想自己成功的经历，这样我的潜意识会更快地想到帮我继续赢得比赛的重要信息。另一方面，我会在比赛前复习冠军赛中可能出现的信息，通过这种赛前"启动"，可以让我的大脑比没有准备的情况下反应得更快。这就是启动效应对记忆选手的两方面帮助。无论你要面对何种考试或任务,都可以运用这种方法从中获益:设想成功的情景以及可能会出现的内容。

"那奶牛喝什么?"没听过这个脑筋急转弯的人要很快回答的话,大半会说"牛奶啊"。奶牛这个词把思维通过启动效应导向了牛奶的答案。然而牛奶是从奶牛那里获取来的,奶牛当然是喝水啦。

海兔的记忆力

人类比其他动物有更多的认知能力并因此可以思考自身行为。在厨房里,拿一个响片训练器站在另一半身边可能不会达到想要的效果。然而在长期形成的记忆基础和潜意识的作用方式上,我们和大多数动物并没有多大的区别。脑越相近,处理过程越相似。灵长类动物的脑与人类脑的相似性最为突出,但是其他哺乳动物的脑也呈现出与人类脑非常大程度的相似。因此我们很多关于人类脑的认识是通过研究动物得来的。当然,这一点也存在一些争议。

通常情况下,我们是用老鼠来做实验。然而著名的奥地利裔美籍脑研究者埃里克·坎德尔却研究了软体动物的脑。这种学名为 Aplysia——也就是海兔——的海洋动物为坎德尔带来了诺贝尔奖。这部分内容强烈推荐大家去看坎德尔的传记电影《追寻记忆的痕迹》(*Auf der Suche nach dem*

Gedächtnis，2009）。

不过为什么用海兔呢？人类的脑有数百亿的细胞，最近[1]的一次重要研究结果显示，人类的脑细胞估值在 860 亿个左右。虽然可能没有银河系的恒星多，但是这数量也已经十分可观了。人类的脑细胞实在太多而且太小，无法逐一检查研究。相对而言，海兔的脑细胞只有大概 2 万个。因此坎德尔和他的同事想到，与其不尽如人意地追踪一个复杂系统的处理过程，不如精确地观察一个简单的系统。就像上舞蹈学校的第一天不可能立刻就学即兴探戈，而是从比较慢的华尔兹开始学起。所以，就先从软体动物的简单脑开始吧。

软体动物的脑也是有记忆力的。虽然海兔记不住名字也记不住数万位的圆周率，但是它们也会学习，比如通过条件

---

[1] 原书出版于 2016 年。——编注

反射。我们的脑比海兔的强大很多，有更多专门功能的分区，这是因为有益的构造会在演化上传承下来。但是最初级的层面上很多作用原理依然是相同的。感谢坎德尔和他的后来者，让我们在分子层面上知道了很多记忆形成的情况。动物模型和对人类的研究让我们了解了更多脑的专业分区以及单个神经细胞的知识。认知心理学可以通过对受试者的研究来证实，大脑存在差别明显的不同记忆系统。而用磁共振成像（MRT[1]）的方法可以看出，记忆过程中很多不同的脑分区都参与其中。感谢全世界记忆研究学者和神经科学家的热情和兴趣，我们对记忆的认识日增月益。

尽管如此，人类距离掌握记忆的全景还差得很远。对于记忆究竟怎样工作的问题，至今还是没有一个详细准确的答案。计算机硬盘上的信息遵循特定的规则，一旦录入信息就可以准确地处理。人类脑则不同，我们还远远不能详尽地了解这个经历了数百万年演化所形成的复杂系统。当然，我们已经知道了不少，比如记忆不止有一种，而是分成很多种来共同实现记忆功能。第一章余下的内容里我就给大家讲讲记忆的不同类型。

---

[1] 此处为德文缩写，英文缩写为 MRI。——编注

"我刚刚还记得呢"

"我的短时记忆还是挺好的,但是长时记忆真的需要改善。"我在讲座中越来越常听到类似这样的话。一般人都听说过记忆保留的时间长短是有区别的。坎德尔在他的研究中证实了,海兔也具有短时和长时两种记忆,而且相关的记忆机制区别巨大。在人类的记忆科学中也区分长短时记忆,不过在短时记忆之前还有第三个层面:瞬时记忆。

首先我们始终要清楚的一点是,这里谈到的记忆类型都是用来描述记忆的模型。在脑中并没有长时、短时和瞬时这样几个不同的"抽屉"。现实中的情况要比模型描述的复杂得多,天气预报就是很好的例子。气象学家每天多次根据实际情况调整他们的模型,这样在12点的时候就能更有把握地说:现在正下雨。在记忆研究中,模型的作用同样如此,它们可以用来更好地预测。在具体工作中每个细分领域都有无数的拓展、说法和各种变体。为了把记忆过程描述得更具体,使模型更精准地贴近现实情况,已经产生了不少专家。

不过对我们来说,看最简单的模型就够了,因为它们与我们平常的理解已经存在很大的区别。心理学家所说的"短时记忆"跟普通人所理解的常常不是一个意思。有时候用比喻可以使概念好理解一点儿,不过有趣的是随着时间流逝,用来做比喻的事物会根据不同的经验环境做出调整。古希腊时期，人们会把记忆比作蜡板或者档案。"脑中的抽屉"这一比喻一直沿用到今天，可能要归功于"抽屉思考"（既定思维）这个词。当然，最近人们常常会拿计算机来作比。保存时长模型有一个很好记的类比：通过键盘或扫描取得信息后立即将其传递下去的传感器大致相当于瞬时记忆，内存相当于短时记忆，而硬盘相当于长时记忆。

这里的问题在于，存储信息这个说法其实就不准确。相对于计算机对信息精确地复制、重复调用以及删除来说，记忆对信息的每一次调用都意味着更改、调整和诠释。它也不像U盘一样可以一下子清空——清空前还得先把U盘找回来。可能本书出版10年后有读者会问："U盘是什么东西？"虽然如此，我还是会用到一些计算机的比喻。严格地讲，"调用"和"存储"这两个词也算是借喻。因为它们都属于计算机程序，而不是生物过程。由于我们还不能确切地理解后者，也没办法准确地命名，所以只好借用这些计算机科学领域的概念来描述想要表达的意思。假如我们说"脑经过与环境的交互作用发生了改变"只会听起来更复杂，还不如说"存储在脑里"来得明白。只不过重点是我们一定要明确，这个"存储"的说法只是一种比喻，脑中记忆的存储概念和计算机的绝非一回事。

瞬时记忆

在短时记忆之前的确是有另一种记忆——瞬时记忆，也叫"感觉记忆"，它留存内容的时间还没有你读完"瞬时记忆"这几个字的时间长。当我们的眼睛看东西时，新鲜的视觉图像会在脑中停留几分之一秒的时间。如果你看过有人在夜里快速挥动电筒给观众用光亮画出形状，就可以感受到这个效应了。我们看到东西时，瞬时记忆的存储时间根据不同的研究结果从15～300毫秒不等。到这里你可能会想："不好意思康拉德先生，300毫秒真的已经算不上记忆了好嘛！"但是如果从"记忆是各种形式的信息录入"这个定义上讲，它当然算是一种记忆，而且对于理解记忆也相当重要，因为这个"传感存储器"会集中筛选哪些信息将被进一步处理。

不过，说它是"一个"瞬时记忆就不准确了。除了视觉瞬时记忆，所有的感官都有时长略有不同的储存器。信息在进入我们的意识之前，会在这些储存器中经过筛选处理。这一点可以从鸡尾酒会效应中感受到：周围环境再嘈杂，你也能跟你的谈话对象聊得很顺畅，并不会受到邻桌人谈话的影响。然而一旦邻桌提了你的名字或者对你很重要的话题，你的注意力就会立刻转移过去，这说明潜意识一定是先把所有声音都收录进来然后才筛选的。我们用耳朵听声音时头脑里的瞬时记忆就好像回声（Echo），因此这也被称作"声象（echoishes）记忆"。

短时记忆

通过感官接收到的信息中，很少一部分内容会被存放在短时记忆里。当我们思考时，从长时记忆调取出的信息也会被放置在这里。所有正在被积极处理的信息都集中在这里，因此短时记忆也被称为"工作记忆"。如果严格讲的话，应该说这里存在着两种记忆模型。不过对于理解短时记忆的工作程序来说，这两者的区分倒不是十分重要。"短"在这里的意思一般指 20～30 秒的持续时间。如果没有新的信息输入，记忆持续时间也可以达到 2 分钟。当然，不管哪一种都算是很短了。

每个新信息的录入都会挤走之前已有的信息。这一点你可能在看来电显示或者电话簿时就可以发现。你查过一个电话之后，拨号的时候还能记得号码，不过最迟到拨号声响起，一般就忘记了。如果你拨号之前还看了一下表，那么这个新信息就足够让你的号码记得不全了。如今的年轻人可能不太会用到"来电显示"这种词了（因为都在用社交软件），那你们可以想象色拉布（Snapchat）[1]：连续看 7 条色拉布消息你还知道看了什么，这时只要突然跳出一条 WhatsApp[2] 消息，就把刚才短时记忆里的画面都挤掉了。好吧，如果谁在 0.3 秒时

---

1 发送图片或视频的社交应用程序，对方看过内容后 10 秒钟会自动删除。
2 德国人比较常用的社交应用程序。

间里看了7张图，那图片应该还停留在瞬时记忆里。

短时记忆不只是内容停留时间短的问题，它的适用范围也很有限，比如记忆7位上下的数字。现在来做一个小练习：下面的数字每次读一行，然后闭上眼睛复述出来。

92387
8631742
3510029011

怎么样？如果你没有走神、精神比较集中的话，记第一行应该是很容易的。中间一行已经有些难了，可能有数字记颠倒或漏掉，集中精神的话才能记准确。这个长度的数字是大多数人短时记忆的平均水平。

当我让实验对象多尝试几次之后，大部分人可以记住7位数字。最后一行是10位数字，这就非常难了。谁能记住的话已经有意或无意地用到了一些技巧，比如看成旋律来记或者分开位数地记（351-0-0-29-0-11而不是3-5-1-0这样）。如果我告诉他们，35后面跟着的是倒过来写的2001年9月11日，即"9·11"事件的日期，他们立刻就能准确复述了。

这是因为我们的短时记忆不是以数字为基础工作的。记忆的单位一般被称为"组块"（Chunks）。一个记忆组块可以是一个数字，也可以是2001年9月11日这样一个指向著名事件的日期。因此在短时记忆中存下更多东西的策略就在于"组块化"（Chunking）。如果我们在记忆数字组合时有意寻找一些关联到类似生日、熟悉的账号或者电话号码的一部分作为"一个组块"（一般至少会找到一个），就可以记住更多。无论是短时记忆的容量，还是记忆的组块特征，都已经在20世纪50年代由美国学者乔治·米勒（George Miller）研究过，这一直是记忆研究学界最常引用和讨论的主题。在日常生活中，我们最好知道短时记忆的容量很小，漂亮的组块化信息可以更好地利用记忆容量，以及任何注意力转移都会存在信息被覆盖的风险。

搞定数字记忆题目还有另一种方法：前5个数字大声读出来，后面的数字只用视觉读入。使用这个方法也可以让很多人立刻记住更多位数字。其背后的原理是：我们有不止一个短时记忆。这其中如何具体运行我们不得而知，但是艾伦·巴德利（Alan Baddeley）给了一个非常不错的模型。

当我们从外部观察自身的日常思考能力时就会发现，有些事情可以同时做。同时分别跟两个人谈话可能不行，但是一边看电视一边聊天是没有问题的，一边打电话一边做九宫格数独题也可以，即使是男人也可以。网上有文章说，女性可以更好地同时驾驭多项任务，其来源是2014年的一项关于左右脑连接的研究。其实这两者关系并不大。凡是了解鲁尔区A40高速公路、慕尼黑环路或者斯图加特任何一条路的人都知道，只在理论上连接得很好和真正能在上面把车开得快差很远。而且两个地点无论连得多好，同一时间点你也只能在一个地方出现。男性和女性的脑中主要负责短时记忆的部分在解剖学上是相同的，因此功能上不会存在什么差异，研究也并未证实。看男人打游戏的状态就知道他们能同时控制多少事情了。

不过上面的这些例子都是进行不同类型的任务。巴德利就这一点实验后发现，我们不能同时完成两项视觉或者两项听觉任务，但是同时完成一个复杂的计算和一个高要求的视觉任务却是可以的。由此巴德利提出的工作记忆模型基于以下几个不同角色：语音回路、视觉空间模板、情景缓冲器和统筹所有部分的中央执行系统。如果把工作记忆说成一个办公室，语音回路相当于一个即时的录音机，上面记录着一些信息并不断被覆盖。视觉空间模板就是记事板，上面留存着视觉接收到的信息，有新内容要写上时就把原来的擦掉。

情景缓冲器是巴德利后来为了更好地解释一些新实验而加入模型中的，相当于一个热衷八卦的同事。她知道各种故事和小道消息，但却并不是消息源头。办公室里的中央执行系统并不是老板，而是掌握所有信息的秘书。秘书筛选、处理并预审各种信息，然后决定把哪些信息汇报给老板。

当我们想要记住纸面上的数字或是读文章时，会在心里默读，这时用到的是语音回路，这里语音和视觉所指的已经

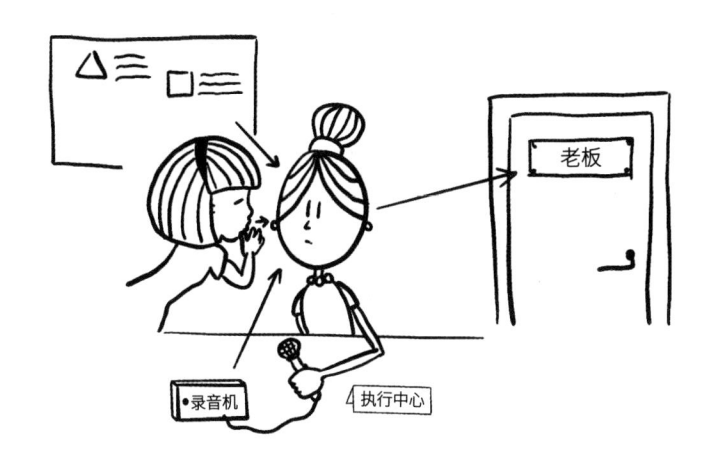

不再是瞬时记忆阶段中的信息接收感官,而是处理信息的方式。当我们运用脑中的"内眼"把一个场景想象出画面并操控它时,才会用到视觉空间模板。这种在短时记忆中刷新记忆内容的能力非常重要。例如,我们在做口算的时候会默念中间步骤的得数,然后只记住最后的结果。

巴德利在他的一本书中提到过比较有趣的一点:短时记忆容量非常有限的人也可以正常生活。不过同时,短时记忆的容量与我们通常所说的聪明的确有很大的相关性。

长时记忆

还记得坎德尔和海兔吗?我在前面讲到过。海兔的学名叫什么?如果你还能想起来,说明这个信息已经是在你的长时记忆里了。如果你想不起来那个名字,说明你读到它的时候这个信息只是停留在了工作记忆里,而之后它并没有找到去往长时记忆的路。好了,答案是"Aplysia"。但是即使你不记得名字,只记得读到了关于海兔的事情,也说明你的长时记忆参与进来了。坎德尔在对海兔的研究中证明了长时记忆和短时记忆的重要区别:在短时记忆处理信息的过程中,脑细胞之间的联系只是暂时增强,神经递质数量改变以便传递信息;而长时记忆则会新增或拓展脑中现有的物理连接。

我们可以用道路交通网来作比。如果两地之间常常堵车,可以通过增加公共交通来改善。比如有球赛或是展会的时候,政府常常会临时增加班车,这样可以在现有道路基础上更有效率地运输人员。但是只要增加的班车停运,一切就又恢复如常了。只有新建或者拓宽道路才能达到长期改善交通状况的效果。所以如果过了一段时间之后,你还能想起看过本书,说明我在实际上改建了你的脑。修路用到的原料是沥青,脑中则是蛋白质,而修造说明书藏在我们的 DNA 里。

修路的例子也可以用来把我们的脑与计算机硬盘的差别讲得更清楚。长时记忆与硬盘储存信息的功能看起来如此相似,但其中的作用原理却大相径庭。在硬盘中信息是被物理地存储在某些点上,每个信息都被编成字节的形式,也就是由 1 和 0 组成的字符串。这里人们运用了不同的原理,比较常见的是某个最小点的磁化原理——带磁性或者不带磁性。这样就实现了信息长期而稳定的存储。而我们的脑中每个脑

第一章 记忆是什么

细胞都有成千上万的连接，这就意味着每个新收入的信息都会对原来的连接造成改变，每次回忆对脑来说也都是一次改建。就像道路交通网一样，脑中的连接网也在随着时间的推移不停地改建和拆除。因此"我们没有遗忘，只是丢失了访问权限"的说法只是一种误解罢了。当然另一方面，我们脑中的网络系统中的确有许多东西被加密，这就是为什么有时看旧照片或者曾经去过的地方会忽然想起一些自己以为已经忘记的事情。然而我们确实忘记了的事情，是真的没办法再想起来了。

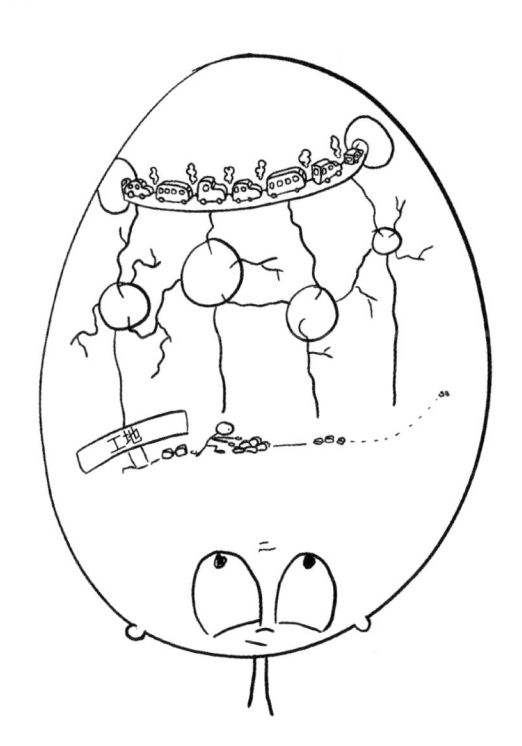

坎德尔同时还发现，重复刺激对于建立新的记忆道路十分重要。我们从自身经验中也能感觉出来：只听过一遍的东西很快就忘记了，但是时不时重复听的话，就能记忆得很长久。由此很多人一直认为要加强记忆就只能靠无聊的重复和无变化的机械性练习。幸运的是，这个想法并不正确。因为除了强迫一小部分神经细胞建立联系，我们可以利用其他的记忆系统。如果瞬时记忆和短时记忆都有很多种的话，那么长时记忆应该也是一样。

"这应该在别的记忆里"

现在来回想一次美好的旅行。可以是国外，也可以是国内的某个城市。拿出一些时间，让自己慢慢沉浸在回忆里。这个时候你用到的叫作情景记忆，即回想自己生活情节的能力。

也许你在旅行中学到了新技能，比如风帆冲浪或是使用筷子，那这时你使用了程序性记忆。在程序性记忆中包含的内容是技能或者流程，像骑自行车、煮面条，或是三扎啤酒下肚之后还能尿得准。

除了技能，你可能还同时学到了一些知识点。比如去旅行的国家首都叫什么，那里的人们早餐吃些什么特别的东西，或者你在泳池边读的书作者叫什么，等等——这些知识点进入的是你的语义记忆。

可能你因为回忆了旅行进而想到，明天可以去一下旅行社拿个新的目录。在当下想到将来某一时刻要去做什么，这种记忆叫作预期记忆。

所有这些不同的记忆都是为了理解和进一步做研究而描述出的模型，因此还有一种与情景记忆有部分重叠的模型叫作自传性记忆。它包括了我们所有关于自身情况的记忆，旅行的记忆当然也算在其中。但如果我让你背一些单词明天再来考你，这就明显属于情景记忆而不是自传性记忆。而我姥姥家姓什么，则不是情景记忆而是自传性记忆。

在长时记忆中有很多个不同的记忆系统，也有很多跟上面所提到的不同归类方法。如果你想不起什么事情时，可以再仔细想想，或许它在某一个其他的记忆系统里？

陈述性记忆："这个我知道！"

陈述性记忆是自我意识最明显的一种记忆。1972年在心理学家恩德尔·托尔文（Endel Tulving）的建议之下，陈述性记忆被分成之前提到过的语义记忆和情景记忆两部分。陈述性记忆也被称为外显记忆，这两个专业词语表示的是同一个意思。在这种记忆中存储的是"有意识"的信息，你可以描述和解释这个内容，如果有人问到，你可以很高兴地说："这个我知道！"

其中一种是你知道问题的正确答案，可以直接调用事实和信息。丹麦的首都是哪里？美国的第一任总统是谁？德国队得过几次世界杯冠军？认出一种水果或是熟人也属于这一类。这类知识没有时间关联性。你说不出来是什么时候记住的丹麦首都是哥本哈根。可能你还记得在哪里看的2014年世界杯决赛或是《伯尔尼的奇迹》（Das Wunder von Bern）这部电影，但是被问到"德国队得了几次世界杯"这个问题时，并不需要想到这两件事情就可以回答："德国队得了4次啊！"如果有荷兰人在旁边，那大部分德国球迷都不用等人提问。

所有这些信息都是首先从情景记忆录入大脑的。比如你在爱丁堡的酒店里吃过一顿特别的早餐，那一整天你都记得那份惊奇感：苏格兰人竟然把各种各样的内脏和燕麦塞在羊胃里当早餐吃，还取名叫哈吉斯。尝过它的勇士们可能还能感觉到那个口感和味道。直到随着时间推移你建立起专业知识：用内脏做的类似香肠的黑色东西加上苏格兰等于哈吉斯。这时它就与情景记忆分离了，你大概已经忘了早餐的事。但语义记忆和情景记忆是紧密相连的，只要看一眼哈吉斯这个东西，你就又能想起爱丁堡那家酒店。假如你忘了苏格兰旗长什么样子，可以回想一下那次爱丁堡的旅行，想想当时挂了旗的地方，很可能就想起来了。但这两种记忆的确是分开的系统。我们在记忆缺失症患者身上可以发现，他们有不同的失忆形式，也就是在这两种记忆中的其中一种上存在记忆障碍。

另一个有趣的观点是我们记忆的"自主意识"。托尔文认为陈述性记忆只存在于人类身上，因为其他动物是没有自主意识的。其他动物没有语言，无法把记忆通过语言复述出来，因此也就没有知识可言。人类的记忆真的如此特别吗？可惜我们没法去问动物自己。如果真是这样，那每次我妈很开心地跟我家狗说："鲍里斯马上就来啦！然后就又有好吃的啦！你还记得是不是？"这时我家狗表现激动应该并不是想起我上次去给了它好吃的这个"情景记忆"，而是因为看到了我妈很开心的情绪做出的条件反射。

然而我们仔细观察其他动物就可以发现，它们也有与人类相似的情景记忆。像是有些鸟类为了帮助自己找到埋藏的果实，不只能记住埋藏的地点，还能记住藏的时间以及果子的成熟度。或者我们观察家里的宠物，比如猫的"梦游"或是睡觉时的捕猎动作，都是基于它经历过的情境。

程序性记忆："这个我会！"

与陈述性记忆并列的是关于技能和操作过程的程序性记忆。这种记忆是非陈述性的，就是说记忆的内容我们不能直接用语言来描述。这一点，每个试图从理论上给孩子讲怎么骑自行车的家长都能体会——绝对不只是踩脚蹬那么简单。程序性记忆的典型句式就是："这个我会！"

2015年，美国工程师德斯廷·桑德林（Destin Sandlin）拍摄的一个视频走红网络。他造了一辆反向车把的自行车，就是你把车把向左边扭的话，车轮会向右转，跟正常自行车的车把方向是相反的。看人们试着骑这辆车却没办法成功的视频很有意思，至少没摔疼之前看起来还是很搞笑的。桑德林花了好几个月的时间练习，终于学会了骑这辆车。有趣的是，好像存在一个开关一样，在那个时刻"啪"的一下就转换过来了，不过从此他也不会骑普通的自行车了。程序性记忆的改建相当困难，当然，最初的程序性记忆是以不断试错和重复为基础，从学走路开始直到成年都不会改变。

  很多运动项目，我们如果能在儿童时期把动作内化到程序性记忆中，就可以达到成年才开始学习的人永远达不到的水平。我很喜欢一种叫竞技叠杯（stacking）的计时叠杯子运动，网上有很多相关的视频，或许你看过其中某个。这是一种类似杂耍的动作，是很好的脑训练活动，因为要同时用到左右两边的身体，需要脑有很强大的协同运作能力。我在25岁以上年龄组里算是成绩很靠前的人。2016年初，我这个年龄组的选手在花式循环（cycle）这个项目的世界最好成绩大概是7秒半。然而整个项目的世界纪录是5秒，由一名少年保持，碾压性地快过我们33%。从前大家都说可能是因为小孩子的手小，所以只有小孩子才叠得快。不过当时19~25岁这个"大学生"组也有不少人是经过了几年的练习，成绩不断在小幅度提高，因此这个组的世界纪录只比青少年组的纪录差一点点而已。所以说叠杯的速度与手的大小和普遍来说的快速动作能力都没有很大关系，而是只跟程序性记忆在青少年时期的接受能力更强有关。

已经掌握的技能会在我们学习新的相似技能时提供很大的帮助。比如关于程序性记忆的一项常见实验是学习依照顺序按键盘。在这个实验中，会弹钢琴的实验对象的成绩往往会大幅领先于其他人。尽管按键顺序跟音乐并没有关系，但是会弹钢琴的人由于内化过相似的程序性记忆，可以在按键学习中比普通人掌握得更快更好。

自传性记忆：回忆人生

自传性记忆是所有与我们人生相关的内容存储器。这项记忆与情景记忆有很大一部分内容重合：我记得去年夏天做了什么，也记得今天早饭吃了什么，但是想不起来去年夏天这会儿早饭吃的是什么，除非那一天是个很特别的日子，有情感因素或者其他意义使这个信息能够长时间停留在记忆里。比如去年夏天我在圣迭戈赢得了记忆大赛的一个重大胜利，在半决赛中淘汰了上一年的冠军晋级决赛。关于这个比赛日，我能清楚地回想起当时吃了什么东西，嗯，甚至还有那一天的感觉和想法。当然，回忆起这类事情也需要一个缘由或是触发点：比如想要回忆、想讲给别人听的愿望，或是眼下有相近的经历。

很重要的一点是：每次回忆其实都意味着一次情景的重构，也就是重新诞生。我们一般都倾向于相信自己的记忆，认为它和视频一样准确。然而我们的大脑实际上是不断地在构造情景组合并且会创造性地填补缺失信息。关于虚假回忆我会在第三章更详细地说到，这个主题可以讲的事情有很多。通过有技巧的提问甚至可以把一段完全捏造的回忆植入记忆。

我们来看2016年的美国大选，当时竞选双方在激烈争论一个问题：2001年的"9·11"恐怖袭击事件后，在美国到底有没有人举行过庆祝活动。有些候选人和记者非常肯定地说："我确实看见了！"事实上有不少人都说当时在电视里看过某些国家欢庆活动的画面。即使被谴责说这件事其实并不存在，这些人还是会感觉他们的回忆以及欢庆活动引发的愤怒是真实的。

2000年的时候，有两名英国的记忆研究者尝试提出一个模型来解释自传性记忆是如何重塑回忆的。他们的"自我回忆系统"被分成不同的部分。我们对于特定的人生阶段和主题都有些基本的认识：小学时期、中学时期、大学时期、第一份工作时期等。这些时期没有明确的界定，有会重叠在一起的部分。上面的模板在如今这个年代的许多人身上或许也可以是第一次婚姻时期、第二次婚姻时期、第三次婚姻时期以及它们的重叠。不管怎样，我们可以直接说出每个阶段的一些信息。比如我记得自己在哪里读的大学，当时住在什么地方，经常跟谁一起玩儿等，但这都不是具体的个别回忆。这种区别类似于"去跑步"属于普遍性回忆，而"我的第一次马拉松"是特殊的个别回忆。最终只有那些具有特别意义的时刻才会被准确地单独存储在记忆中，比如某件第一次发生的事（初吻）、人生转折点（毕业典礼、得到新工作）或是经历过的大事件（结婚、生小孩、葬礼以及"9·11"恐怖袭击事件）。

当我们试图去回忆一个不那么"重大"的时刻时，以上所有这些层面的信息都会汇集在一起，来构建出一个记忆。比方说当我遇到一个在英国做交换生时认识的老朋友，于是那个时期的回忆就先被激活了。然后我可能会想起当时宿舍旁边的学生酒馆和与之相关的一般性的聚会，等等。根据某次聚会的现存信息或是我跟这个朋友一起看当时的照片，我的工作记忆中就会产生回忆，出现一个宛如内心看到的场景，而完全一模一样的场景实际上却从来没有发生过。这样记忆既可以稍微"讨好"一下我们，同时又可以有效利用存储空间。毕竟也用不着把上大学时每天的早餐或是每一次聚会都记得那么清楚。

全自发记忆则是把真实的个别情节再次激活。这里又到了一个比较有趣的地方，让我们来尝试一下自我观察：用自我视角回忆，你在脑海中看到的事件是如同真正的眼睛所见，还是也能看到自己在场景中的样子，好似上帝视角？大部分时候我们两种情况都能碰到，但只靠这一点并不能认定回忆的真实程度。它的影响因素包括回忆的新旧程度，还有文化背景和性别。比如相比男性，女性的回忆中更容易看见自身形象。一些研究者认为，这是女性在我们的文化中被迫更加关注自身与外界环境，因此记忆存储也更多。而有些男性也可能很擅长排除掉自己的形象。

记忆运动选手在自传性记忆方面并不比普通人优秀。我通过自身经验和与别的记忆运动选手交流时也发现了这一点。但是的确存在与我们这些人不同的另一类记忆艺术家，这些人有着非同寻常的强大自传性记忆，他们对个别事件的回忆远超常人，记得准确又翔实。有一部分人能记住从青少年时期开始的每一天。有趣的是，这类人回忆的触发机关大部分是日期。如果你能想起1999年3月29日都做了些什么，那就属于这一类。（我非常希望能认识你，请发邮件联系我！）人们发现这种现象的存在其实并没有很长时间。美国的记忆学家麦高（McGaugh）曾经接待过一名拥有这种能力的患者。不过她本人却因为无法控制回忆涌现，正常生活受到影响而苦不堪言。2006—2008年，麦高与他的同事帕克（Paker）和卡希尔（Cahill）研究描述了这名患者非同寻常的记忆力，于是有更多宣称自己具有同样超常自传性记忆能力只是没有影响生活的人向他们报到。当然，详细检查后大部分人并不属于此类。迄今为止,全世界一共有二十多个这样的人参加了他们的研究。不过这些人的记忆天赋只是在自传性记忆这一个方面,对于记名字或者中学大学的课程内容,他们并没有比普通人更超常的表现。

预期记忆:会想起

你是属于那种总是突然发现"啊!快到圣诞节了,还没准备礼物"的人吗?你当然知道圣诞节是几日,但是却不会想着这件事。我们把这种也叫"忘记"。我如果问你"情人节是几日",你的语义记忆会很可靠地帮你回答"2月14日",然而它并不能帮你避免下次没有准备礼物的尴尬。好吧,如今能帮你避免情人节尴尬的是广告工业,想要不发现圣诞节要到了,除非刻意才能做到。但是生日或是周年纪念日就不同了。尽管这个信息绝对存储在你脑中某处,但是它并不会在合适的时候自己跳出来。这在我们如今的复杂世界里结果可能会很悲剧。如果某次飞机失事或是其他灾难的原因是"人为失误",那就常常是"预期记忆"的失误。失事飞机的机长知道每次起飞前应该做哪些检查,而且他过去一直也都很勤快地在做,只是这一次他忘记了程序中的某一步。或许每天都有很多机长出现这种情况,然而不巧这一次这个部件真的失灵了。

在一些小事上也同样如此。有轻微失忆症的患者可以毫无问题地讲出做饭后应该关掉炉子这个步骤。然而如果这名患者做饭后还是一再忘记关掉炉火，那就不能让他在没有人照看的情况下自己住了。

同其他记忆类型相比，预期记忆其实更容易让我们感觉出它什么时候管用，什么时候不灵。如果需要做的事情跟一个地点或者事件而不是时间联系在一起，我们会比较容易想起来。或是注意力落在某个物品上时，我们也能很快地想起与其相关的活动。"欸，这儿有个邮局啊，我还有封信要寄呢。""头发又长得挡眼睛了，得赶紧打电话给理发店约个时间。""啊，小狗，摸摸摸！"相反，想着下星期三15点给客户打电话这种事就难多了。我们需要根据时间安排生活，然而身体内置的时钟并没有定时提醒功能，所以最好还是搞一个外置的闹钟吧。

我们希望别人帮忙时，首先需要让别人注意到，所谓会哭的小孩有奶吃。如果有小孩坚信不用哭妈妈也一定会准时喂奶……那他们应该长得挺瘦的吧。所以实际上，利用外置的记事本、闹钟、日程表，都是辅助我们预期记忆的好方法。

最后，提醒大家设闹钟的时候最好写一下为什么而设。这个提醒源于我个人的一次吐血经历：关于柏林广播电台，托马斯·科施维茨（Thomas Koschwitz）的早间节目。那是好多年前我还在读大学的时候，一位人特别好的节目编导给我打电话，问我愿不愿意接受个采访。当然愿意啦！直播啊？那更好了。几点啊？下星期二早上6点半。哎，这也忒早了……毕竟我当时还是个大学生。不过直播嘛也没办法。到了那天早上6点,我准时被闹钟叫醒。我当时的想法是:"欸?才6点,傻了吧,10点才上课呢。"果断按掉,接着睡。6点半时,铃声又响了,"啊……闹钟坏了还是怎么回事?"接着我意识到,这次响的是电话!"嗨……呃……好……"感觉我当时就是这么接的电话。"你好,这里是柏林广播电台,抱歉今天的节目稍微有一点儿晚,我们的直播马上开始。科施维茨先生请准备3—2—1……你好,康拉德先生,可以讲一下上一次忘记事情是什么时候吗?""哎呀,那应该是很久以前了吧……"

第二章

脑中（没）有硬盘

你带脑子了吗

你琢磨过自己的脑吗？你肯定有一个脑，这点我知道。它的容量大概是 1～1.5 升，1.5 千克重，你去超市买一瓶 1.25 升的塑料瓶装水，这个容积和重量就跟我们的脑差不多。脑中有 3/4 的成分是水，其他成分大部分是脂肪和蛋白质。就是这样一个跟没加面粉的蛋糕糊一样的东西，可以实现这么多功能，实在很神奇。

比起女性，男性的脑平均在大小和重量上多 10%。不过各位先生也不用感觉在智商上取得了胜利，因为智商跟脑大小没关系。大象的脑有 5 千克重，而蓝鲸的脑是人类的 8 倍重。而从整个体重来看，大象和鲸要比人类重得多，所以如果算一下脑重和体重的关系，人类还是站在顶端。在动物界，一般来说，脑重占全部体重的比例越高，这种动

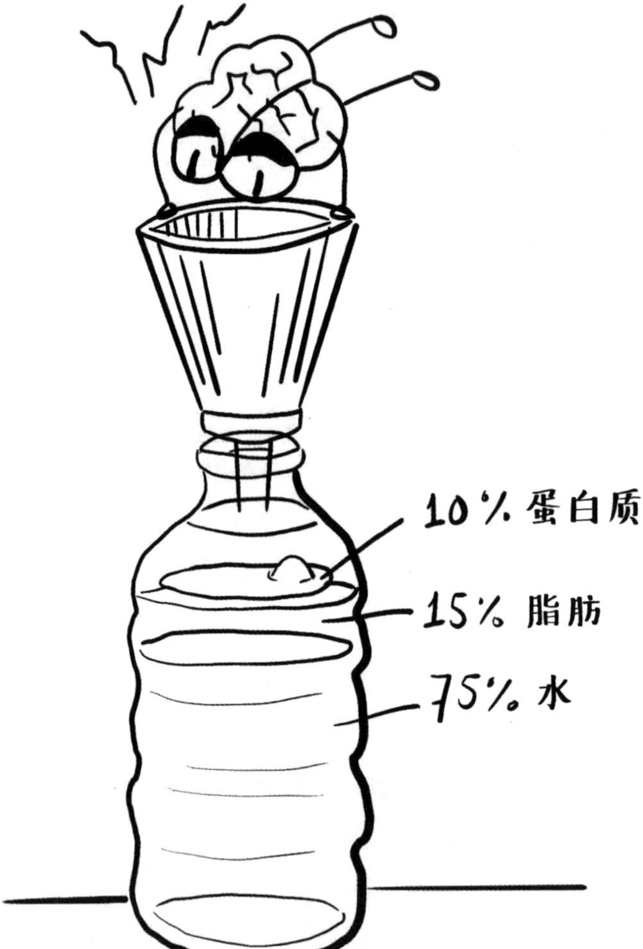
10% 蛋白质
15% 脂肪
75% 水

物就越聪明的说法是成立的。大象的脑仅占体重的0.2%，而我们人类脑则占体重的2%！不过有些种类的老鼠和海豚的脑也同样可以占到体重的2%，某些鸟类甚至可以达到8%。因此在1973年，人们定义了一个叫作"脑化指数"（Enzephalisationsquotienten）的概念，即一个物种根据体重大小计算出的预期脑容量和实际脑容量的比例。在这个测量模式下，我们人类的脑是预期容量的7倍，又可以位居榜首了，我们可以笑海豚也只有4～5倍。或许其实海豚会笑人类搞出这么个概念来。

就我们人类来说，有一系列研究证实了在同一性别里，脑容量的确与智商成正比。但是这并不能自动认定一个脑容量大的人就一定是个聪明人，或者相反。比如在爱因斯坦去世后，人们发现他的脑比之前想象中的要轻。而不同性别之间就更没有什么可比性了。女性脑虽然相对小一点儿，却可以实现同样的功能，这可能是由于女性脑在内部组织上更合理。在细节层面，男性和女性的脑的确有一些差别。就是说，如果测量很大量男性脑和女性脑，就会发现男性的一些脑区普遍比女性的大，而也有一些脑区，女性的平均比男性的大。想要找到这一结论，需要把很多人的研究放在一起总结。只看单个研究的话，男性脑与女性脑差别这个问题的结论就是：差别非常小。简单地说，一个没有穿衣服的人，我们看一眼就能知道这是男的还是女的，但是单独拿一个脑看一眼，并没办法得出个结论来。

说一个人是"左脑型"还是"右脑型"也同样没有说服力。每次在网上看到、听到一些自封的专家在讲，人根据某个脑半球占优势，要么属于左脑型要么属于右脑型，我作为一个神经科学家都不由得一哆嗦。这个设定说两种半脑类型的人一种属于艺术型一种属于逻辑型，但这根本是瞎扯。自从我们有了某些研究脑的方法，已经可以确定脑在执行特定任务时哪些区域会更加活跃，于是这些研究也造成了这个流传甚广的错误认知。的确，在实现某些特定功能时，某一个脑半球会占主导地位。比如惯用右手的人，语言中枢一定在左边的脑半球。然而即使是作家或是诗人也并不会因此而更多地使用左边的脑半球。还有另一项要说明的事实：我们平常生活当然用的是整个脑，而不是只用10%或者其他比例的一部分。自然是不会允许这种浪费行为的，毕竟占体重2%的脑要消耗掉全身多达20%的可用能量。

脑由很多部分组成。关于脑的结构，也就是脑神经解剖学的正规教科书，都是四百多页起步。对于医学院学生来说，真是对记忆力相当棒的挑战了。我们普通人不用知道得那么详细，不过了解一下脑的大概结构还是很有趣的。

首先，脑的主要构成部分是脑干、间脑、小脑和大脑。我们的脑被妥善地保护在颅骨之中，然而它需要的各种感知和状况更新的海量信息却得从身体各个角落的神经末梢传送过来。我们的神经就是用来传送信息的，而脑干是进入脑的入口，它集中了身体中最多的神经，如同脑的电闸箱。同时，它也是身体的监测部门，呼吸、心跳、代谢以及各种反射，比如吞咽反射，都由脑干来控制。这一切都在无意识中进行，不然估计我们时不时就会忘记。这里所集合在一起的功能都在演化过程中的数亿年前就已经形成了，因此脑干有时也被蔑称为"爬行脑"。其实单靠脑干就可以维持生命，至少公鸡可以做到。20 世纪 40 年代，曾经有个人带着他的"无头鸡麦克"在美国到处巡演。这个人在杀鸡的时候砍得不准，结果鸡残存了一部分脑干（可能还有些别的部分），这只鸡就活了下来。人们可以从这只鸡张开的食道喂它吃东西，而它还会一直做出啄的动作，试图捡东西吃以及打鸣。当然，我们一般说人"没头没脑"倒不是跟这只鸡一个意思。

小脑与大脑比起来的确是小（有些名字取得还是很有道理的），但它承担着很重要的功能，最主要是掌控我们的动作。小脑的表面有很多沟回，因此表面积非常可观。它负责接收身体平衡和当前动作状态的信息，借此来精细地控制动作。当大脑做出决定："我们来活动一下手。"小脑就会负责执行这个动作，把必要的信号发送给相关的肌肉。不过在记忆过程中小脑也有它的作用，主要在程序性记忆方面。我们记住的动作模式是由小脑控制执行的，也正因为如此，技能才是无意识的。如今有很多研究者甚至相信，一些复杂的记忆过程，小脑也参与其中。

间脑位于脑的正中，也就是其他几个部分脑的中间，负责接收除了嗅觉的所有感官信息。间脑中的丘脑承担着整个任务的重要部分，相当于大脑的门卫，根据当时的情况来决定哪些信息将被继续传递给大脑。

你这会儿身上系着腰带吗？你能感觉到它吗？很大可能是到这会儿之前你其实并没有感觉。尽管其他神经不断地报告轻微的压迫感，但是丘脑把这种感觉屏蔽了。直到大脑发出指令检查一下腰带在不在时，我们才意识到这个感觉。相反，如果有人突然拉一下你的腰带，丘脑就会立刻向大脑报告。就像我住的地方旁边有个教堂，我都不太注意它每天整点的敲钟声，而朋友来我家里时，常常被钟声吓一跳。我们在睡觉时，丘脑几乎处于完全关闭的状态，大部分感官信息也被屏蔽了。此外，间脑中还有一个部分叫"下丘脑"，它在丘脑的下面，负责控制植物神经系统，即我们身体中自动运行的程序，以及和脑垂体一起控制激素分泌。

我们想到"脑"的时候，一般想的是大脑。如果从头顶往下看，就可以看到大脑皮层的皱褶——我们作为人类的特殊能力总部就在这里。如果比较猴脑和人脑，那么两者间之前讲到的几个脑区的区别都没有大脑这部分大。当然，大脑也不是一整个儿，而是由许多不同的区域组成。从所谓"横梁"胼胝体连接起来的左右脑半球开始，穿过大脑皮层上的四片脑叶和内部的岛叶，再通过褶皱产生的沟回，最终形成可以直接数出来、分派有不同任务的几个区域。大脑控制着我们思想和意识的大部分功能。

神经元

我们在学习时常常听到"灰质"这个词。你的灰质究竟是什么样的？希望它们没有真的变成灰色，不然你的大脑此刻应该已经被当成标本泡在玻璃瓶里了。大脑只有在标本瓶里才会出现这种颜色，灰色细胞也是因此而得名。活的大脑细胞更接近透明，由于血液循环的关系，它们看起来比较像是粉色的。大脑皮层主要由灰质组成，在这里，神经细胞紧紧地挤在一起。神经细胞在专业术语中一般被称为"神经元"（Neuron）。神经元上有突触，也就是开关点，通过它，神经元可以彼此联系。此外，还有三种常常被忽略的协助神经元的细胞（胶质细胞）。而大脑白质主要由连接神经元的神经纤维构成。

前文提过，根据最新的推测结果，人脑大约有860亿～1000亿个神经元。大小从直径4微米到100微米都有。设想一个直径20微米的神经元是个球形，那一个足球就是它的1.4万亿倍大。但是如果把一个人脑中的全部神经元一个一个地连接起来，却有1720千米长，差不多是弗伦斯堡到慕尼黑距离的2倍了。当然，神经元并不是只有脑部才有，而是遍布全身。脊髓中大概有2000万个神经元，而肠道中有超过1亿个，因此很多人提出了"肠道大脑"或是"第二大脑"的说法。

神经元是体细胞的一种特殊表现形式。它们的任务各不相同，但有个最大的共性就是"神经冲动传导"，即根据接收到的信号再发送出一个信号的功能，这也被称为"放电"。一个神经元可以在一秒钟内放电几十次。

神经元有很多个入口，却只有一个出口，这个出口以"全或无"原则输出信号。有一个刺激的阈值，当刺激达到这个强度时即执行"放电"。我们可以以中世纪的村庄作比：哨兵们负责在城墙上观察是否有敌人进犯，如果发现危险就要通知领主。但是如果一个哨兵每次发现远处有陌生人都跑去通知，这样大家整天都活得提心吊胆，没人受得了。只有不同的哨兵同时发现敌人或是离领主位置最近的哨兵发现危险，才是报告的时候。

一个神经元可以同时接收几千个信号，就像很多很多的哨兵。而当它放电时，却只有一个信号通过出口向外发送。接收信号的通道叫树突，而对外发送信号的通道叫轴突。被传输的信号是电脉冲，由神经元中的电势决定是否放电。

每个单独的神经元功能其实很简单，就是发送或是不发送信号，并没有很智能。这个过程中也没有信息的存储，只有无数个联网在一起的神经元实现了大脑所拥有的神奇能力。

细胞核

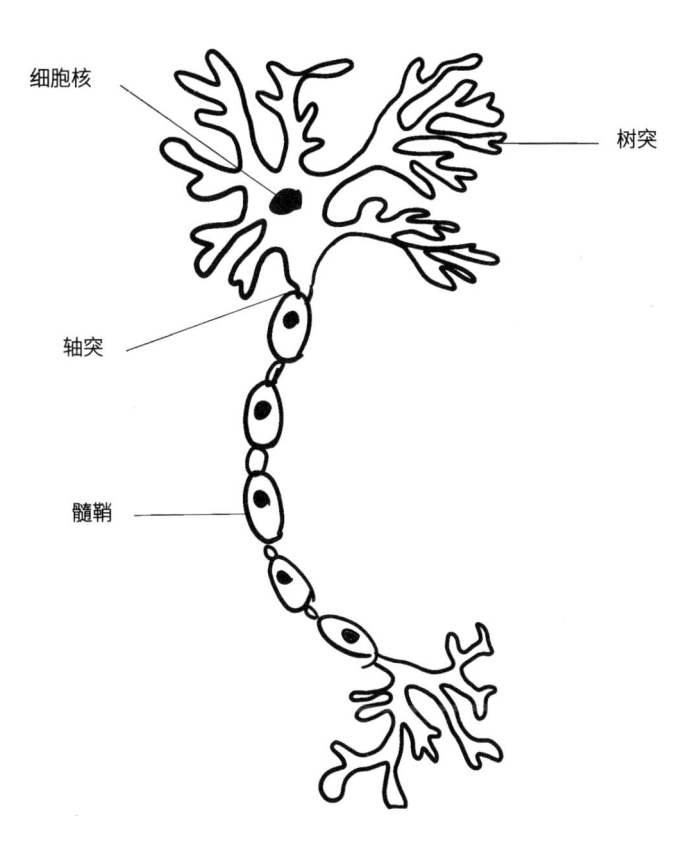

树突

轴突

髓鞘

神经元有不同种类。如图所示,是一个典型的神经元结构。围绕细胞核有很多接收通道(树突),然而向外通道(轴突)只有一个。轴突由很多辅助细胞一段一段地围绕而成。这种围绕结构叫髓鞘,它可以实现明显更高的传输速度一个神经元的轴突长度可达一米，而且非常纤细。我们通常所知道的神经纤维其实是一捆被包在保护壳里的轴突。在这里，信息的传输速度根据神经种类的不同从每秒2米到120米不等，也就是最高速度可达430千米/时，比客机慢，但是比最快的F1方程式赛车还要快。传递信息最快的神经是负责控制我们肌肉活动的。脑的内部限速30千米/时，毕竟传输距离短，因此较低的限速有利于实现更精确的传输效果。这跟我们的道路规划相似：两个相距较远的城市会由很宽的高速公路连接起来，占地也比较大。而城区内的建筑之间都有小街道连接，因此限速也相应较低。

突　触

在信号传递过程中，不仅是连接数量，作用方式也同样重要。神经元之间进入和输出的通道并不是像电线一样简单地连接在一起，而是起始或终结于一个接触点。这个接触点叫突触。神经元之间并不直接接触，它们之间互相保有间隙。当放电的细胞发出电脉冲到一个轴突末梢时，会释放出信使物质（神经递质）。这种物质在神经元之间的间隙中扩散，到达另一个神经元的树突并连接上这里的受体，电势就发生了改变，也就是触发了一个电化学过程。此后信使物质再被释放出来，返回前膜或是被降解，整个过程发生在几分之一秒内。并不是所有的信使物质都要触发动作电位，有些时候信使物质只是用来增强、减弱或是阻断兴奋。大多数神经元的所有突触都释放同一种信使物质，因此神经元也可以通过其释放的神经递质来分类。

目前已知的神经递质有 100 多种。最常见的是谷氨酸（Glutamat）和 γ-氨基丁酸（GABA）。谷氨酸有兴奋作用，给出"现在放电"的信息，而 γ-氨基丁酸则是相反的刹车功能——"现在要冷静"。最有名的神经递质则是血清素（Serotonin）和多巴胺（Dopamin）——所谓的"幸福激素"。每种神经递质都有特定的功能，而每种神经元也差不多只对一种信使物质有反应，因此我们可以借此找出整个神经网络。例如含有多巴胺的神经元也叫"多巴胺能神经元"，一个已知的多巴胺能神经系统是从脑干（大概中脑的位置）中延伸到边缘系统（也称奖励系统）的。这个位于脑中比较中央的位置、归属于边缘系统的脑构造对处理情感、动力以及构成长时记忆十分重要。在这里，信号通过多巴胺来传导。当我们处于积极正面的经历中，比如得到了奖励，它就会释放更多的多巴胺。它的作用首先就是：当我们吃饱的时候会感觉平静、幸福和舒适。这种感觉会存储在脑中，用来鼓励我们按时好好吃饭。

这个系统算是大脑中的一个基本配置，几乎存在于所有哺乳动物的脑中，而多巴胺作为神经递质，在所有具备神经系统的动物身上也都能找到。在这个系统中，很多毒品可以

含有多巴胺的突触小泡

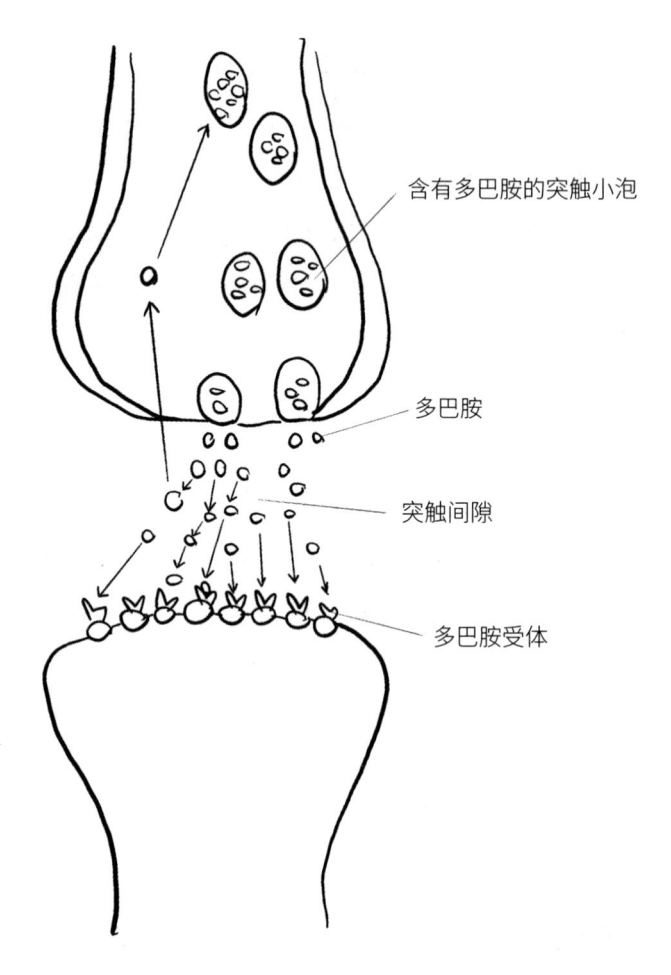

多巴胺

突触间隙

多巴胺受体

突触是两个神经元之间的连接。兴奋在此从一个神经元向另一个神经元传递。这个过程由神经递质来实现，例如上图中的多巴胺。当一个神经元放电时，图中所示的轴突中出现电刺激，突触小泡中的信使物质即多巴胺被释放到所谓的"突触间隙"中。接收信息的神经元树突上排布着相应的受体，当受体结合了足量的神经递质分子，就会在此产生电信号。而没有结合的分子会返回轴突或是被降解介入。比如可卡因有防止已经被释放的多巴胺重新被突触吸收的功能，因此会造成过度刺激，会在短时间内表现为人的快乐感暴增且各种能力大幅提高。然而多巴胺泛滥会导致受体的不敏感，这样正常量的多巴胺在没有毒品放大功能的帮助下就不足以形成刺激，因此就造成了吸毒者对毒品的依赖。

多巴胺在接收方神经元中的作用最终取决于该神经元接收信号的受体种类。就多巴胺而言，相关的受体一共有五种，可以分为两大类。根据受体的不同，突触和受体上分布的多巴胺可以产生兴奋和拮抗两种效果。如同一个主管反复大吼出指令（信使物质），会对不同的员工（受体）造成不同的效果：一个员工可能感觉更有动力，一个员工可能不高兴，还有一个员工可能被吓到了。第一个将会更积极，后两个则更加消极被动。假如此时办公室里还有另一个主管负责之下的其他员工，他们同样也听到了这些信息，但是根本不会理睬，所以对此没有什么反应。大量不同的信使物质和受体导致了不同环境下整个神经系统的不同反应。总的来说，谷氨酸和γ-氨基丁酸对于快速、直接的信息交换比较重要，多巴胺和血清素作用缓慢，但却可以改变整个神经系统的状态，比如感到舒适平静或是特别清醒。

另外，突触使学习成为可能！为什么呢？因为突触自身会产生变化。通过坎德尔和他的海兔研究，我们知道了一个被反复激活的神经元在相同刺激下所释放的信使物质会变得越来越少，导致下一个神经元接收的刺激也随之变少。反过来，同时接收两个信号可以使突触在之后释放更多的信使物质。就是说如果挠海兔触角的同时电它的尾巴，那么之后只需要挠它的触角就会使突触释放足够多的信使物质，即使不用电击也能使它明显地缩尾巴。这种改变最初是临时的——生化过程改变，但构造上没有变化，一切还只是短时记忆。但是如果长期、反复地刺激神经元，则可以真正地改造大脑：神经元间产生新的触点，树突会生长，巩固与其他神经元的原有连接，并建立新的连接。

记忆痕迹

　　100年前的记忆研究者相信，在脑中存在着被编码的记忆。当我们学了新的内容，大脑发生了改变，就一定会在脑中留下痕迹。他们把这种痕迹称为"记忆印痕"（Engramme），并开始疯狂地寻找。然而无论如何，研究者也无法在脑中任何一个地方找到这种痕迹。正如我们之前讲到的，大脑在记忆过程中会不断地发生改变。一个单独的记忆会使脑内产生很多次变化，大量神经元在此期间反复被激活，因此它的痕迹其实就在传导刺激的特别顺序之中。

　　例如，一次去巴黎的旅行要激活很多记忆系统。当你跟最爱的人站在埃菲尔铁塔上，此时便有无数个神经细胞活跃起来：负责处理情感的、负责自传性记忆的、负责语义记忆的，还有特别相关的，比如下一次玩酒吧问答游戏要用到的知识——埃菲尔铁塔位于巴黎战神广场，有 324 米高，等等。这时如果你们深情一吻，你就把所有的一切都抛到一边了。你闭上眼睛，让幸福的感觉带着你心神荡漾，完全不会察觉这里无数小偷中凑过来一个把你的钱包顺走。对了，等你回家跟别人讲起来的时候，会激活几乎同样的神经细胞。刺激继续传导，其他关于浪漫、亲吻以及警察局报案的回忆都会被翻出来。

脑中的特别细胞

单独一个神经细胞只能传导电脉冲，无法实现信息存储功能。所有的回忆都是一个兴奋链。然而确实有一些神奇的神经细胞，它们自己就有记忆能力！比如位置细胞（place cells）和网格细胞（grid cells）。他们在 2014 年获得了诺贝尔奖。当然，不是这两种细胞，而是它们的发现者，神经科学家约翰·奥基夫（John O'Keefe），梅－布里特·莫泽（May-Britt Moser）和她的丈夫爱德华·莫泽（Edvard I. Moser）。再比如"奶奶神经元"，当然，它更像是一种记忆模式而不是真正的神经元。还有另外的一些神经元在迷詹妮弗·安妮斯顿！不过咱们慢慢从头来说。

我们没办法单独测定某一个细胞对某一个想法如何做出反应。因为等我们把脑的其他部分去掉，单独观察这个神经元的时候，这个想法已经不存在了。就是说，我们得检查活的大脑才行。从外部观察的方法无法达到研究单独神经元的精度，因此必须要在脑中插入电极。脑在完好无损的情况下是有颅骨保护的，因此我们的各种认识，比如2014年的诺贝尔奖成果，都是建立在动物实验的基础之上。研究者在实验中让大鼠走一条指定的路线，同时观察它们的海马体（脑中的一个区域，之后会讲到）中各种不同神经元的反应。结果发现，有一些特定的神经元在大鼠走到同样位置的时候总是会兴奋。大鼠在实验中可以自由移动，无论当时的方向是向前还是向后，只要它处于与那个细胞相关的位置区，这个细胞就会放电。这个过程中影响细胞放电与否的并非时间而是地点，因此这种细胞被称为"位置细胞"。而我们也第一次了解了大脑如何记忆和确定自身所处的位置。

不过这种细胞并不是被编成类似GPS的坐标，一方面，每个细胞会起反应的都是一片区域。我们发现当大鼠在迷宫中不同区域走动时，一个细胞是对某一区域整体做出反应，而不是对应一个特定的位置。另一方面，大鼠在认识另一片新的区域时，也是由同样的一群细胞参与定位。所以研究每个细胞做出反应的相应区域有哪些变化就很有趣。比如大鼠跑到一个正方形盒子左下角时，它某个位置的细胞会放电；接着把它换到一个长方形盒子里，这个细胞同样会在大鼠位于盒子左下角时放电。而如果大鼠在一个没有墙壁只有边界的桌子上时，又是在左下角时这个细胞会做出反应。对于位置细胞来说，活动区域的边界非常重要。然而由于每个细胞负责的区域有时会重叠，尽管一个位置细胞只负责一片特定区域，但还是会由多个这样的细胞共同锁定一个地点。

单凭位置细胞不足以精确定位，因为它们的负责区域会有变化。因此在脑中还有另外的一套机制作为补充。它由莫泽夫妇发现，名叫网格细胞。这种细胞也是一种对特定位置做出放电反应的神经元。然而触发这种细胞放电的不是盒子中的位置，而是节点网，各节点出奇精准地排布成网格结构。网格细胞不在海马体之中，而是位于大脑附近的部分，然而它们似乎与位置细胞之间有着相互交流，从而实现位置信息的存储。

这一结论在大鼠、小鼠甚至灵长类的脑中都可以得到快速证实且可以重复验证，不过这并不等于人类的脑也一定是这样的情况。这种脑中放入电极的实验当然也可以在人类身上做，只是我们得把实验者的颅骨打开，这就比较不好了。当然肯定有很疯狂的研究者和很缺钱的实验对象，不过幸好我们还有比较有效的实验伦理监督者，防止有人用人类来做实验。我们目前所知的结果大部分还是基于给癫痫症患者开颅手术治疗时，在患者同意的情况下顺便做的测试，因为手术本身也要用到电极来测量单个神经元的信号反应。

但是接下来还有个现实问题要解决，我们总不能让开颅的实验者像大鼠一样饿着肚子，然后放他们在一个没去过的地方到处乱走找吃的。因此研究者让接受实验的人员在计算机上完成一个虚拟世界中的勘察任务。结果跟之前在动物实验中发现的一样，在人类脑中同样的位置的确也存在对特定区域有放电反应的神经元——我们的脑中也有位置细胞和网格细胞。但是要再提醒大家一遍，一个位置细胞对一个特定区域起反应并不等于这个细胞独自存储了位置信息。它需要很多，可能是几千个其他神经元，共同协作传递信息，才能准确地在特定位置放电。

借助同样的实验方式，美国神经学家们在癫痫症患者开颅手术时去寻找了另外一种特别的神经细胞，就是我们之前搞笑说法提到过的"奶奶神经元"。它指的是设想中的一个单独神经细胞，它负责在我们看到自己奶奶的时候放电。

然而他们找到了更有意思的结果。在好莱坞附近的帕萨迪纳实验时，研究者 R. 基罗加（R. Quiroga）发现了……"詹妮弗·安妮斯顿神经元"。它是一个脑细胞，当实验对象看着詹妮弗·安妮斯顿的照片时会放电。这个成果能不能得诺贝尔奖不太好说，不过至少让这个研究者获得了很多关注——当然，也有不少同行的质疑。不过考虑到美国电视娱乐业的发达程度和詹妮弗·安妮斯顿参演的电影数量就大概能猜到，实验对象看到詹妮弗·安妮斯顿的次数肯定比自己的奶奶要多。当然，詹妮弗·安妮斯顿只是一个明显的例子，研究者也找到了比尔·克林顿（Bill Clinton）和迈克尔·杰克逊

（Michael Jackson）神经元。确实有很大概率真能找到"奶奶神经元"，只不过问别人可不可以开颅放电极之后，又要人家奶奶的照片，可能有点儿过分。

其实对于研究人员来说，更重要的是另外一件事：一个神经元在看到特定照片时会放电还不算最有意思，这说明它刚好参与了编码这张照片。实验中更特别的发现在于，用詹妮弗·安妮斯顿各种不同的照片来给实验对象看，这个细胞都会放电，但是它对其他金发女演员的照片则没有反应，就算朱莉娅·罗伯茨（Julia Roberts）的也不行！不过把詹妮弗·安妮斯顿的名字写出来，或者拿她的成名作《老友记》（Friends）的剧照给实验对象看，哪怕她自己不在剧照里也没关系，该细胞都会放电。这说明细胞确实是针对这个人做出反应，而不只是图像。我们当然不是生来就有詹妮弗·安妮斯顿神经元——希望不是，而是这个细胞学会了为她放电。当然，也不是说这个细胞中存储了关于詹妮弗·安妮斯顿的信息，细胞本身其实对她一无所知，它只是与其他神经细胞连接为一个如此特殊的网络，甚至只要看到《老友记》的明星，就会有足够的输入信号到达树突，超过阈值，导致神经元放电。

再说一个例子：我们德国人一定会有托马斯·戈特沙尔克[1]（Thomas Gottschalk）神经元。至少作为《想挑战吗？》

---

[1] 德国著名节目主持人。曾主持德国版《想挑战吗？》等知名综艺节目。

（Wetten, dass..?）这个节目的前选手和粉丝，我肯定是有。其他一些神经元对颜色或是形状会有反应，因此当我们通过眼睛看到一张图片时，各种信息就在脑中被编码。有些神经元看到卷发就放电，有些看到金发就放电，有些看到彩色衣服就放电，还有一些可能是负责看大鼻子的。它们输出的信号又会到达许多其他细胞，最后总会有一个神经元，接收到所有"卷发""金色""男的""大鼻子"这些输入信号，这就超过阈值，然后为"托马斯·戈特沙尔克"放电。如果少了"男的"这个信号估计刺激还不够，不然这个细胞看到芭芭拉·舍内贝格尔[1]（Barbara Schöneberger）或是可卡犬也会放电。

这项研究的批评者则认为，这些细胞或许并没有这样做。毕竟在研究过程中只向实验对象出示几百张照片。由于同一个人物需要展示不同的照片，也就是涉及的不同人物只有几十个而已。这样的情况下有一个神经细胞对某个人有反应，并不能说明它对其他更多没有在实验中被出示照片的人就没有反应。从对这一脑区中被研究过的其他神经细胞的结果来看，它们不可能这么功能专一。反过来也是一样，看到詹妮弗·安妮斯顿的照片时，并不是说只有这一个神经元放电，还有许多其他的细胞也处于放电状态，只是没有这么"专门"而已。况且被研究的神经元只是这一脑区中数亿个细胞中的

---

[1] 德国著名主持人、歌手、演员。

第二章 脑中（没）有硬盘　　　055

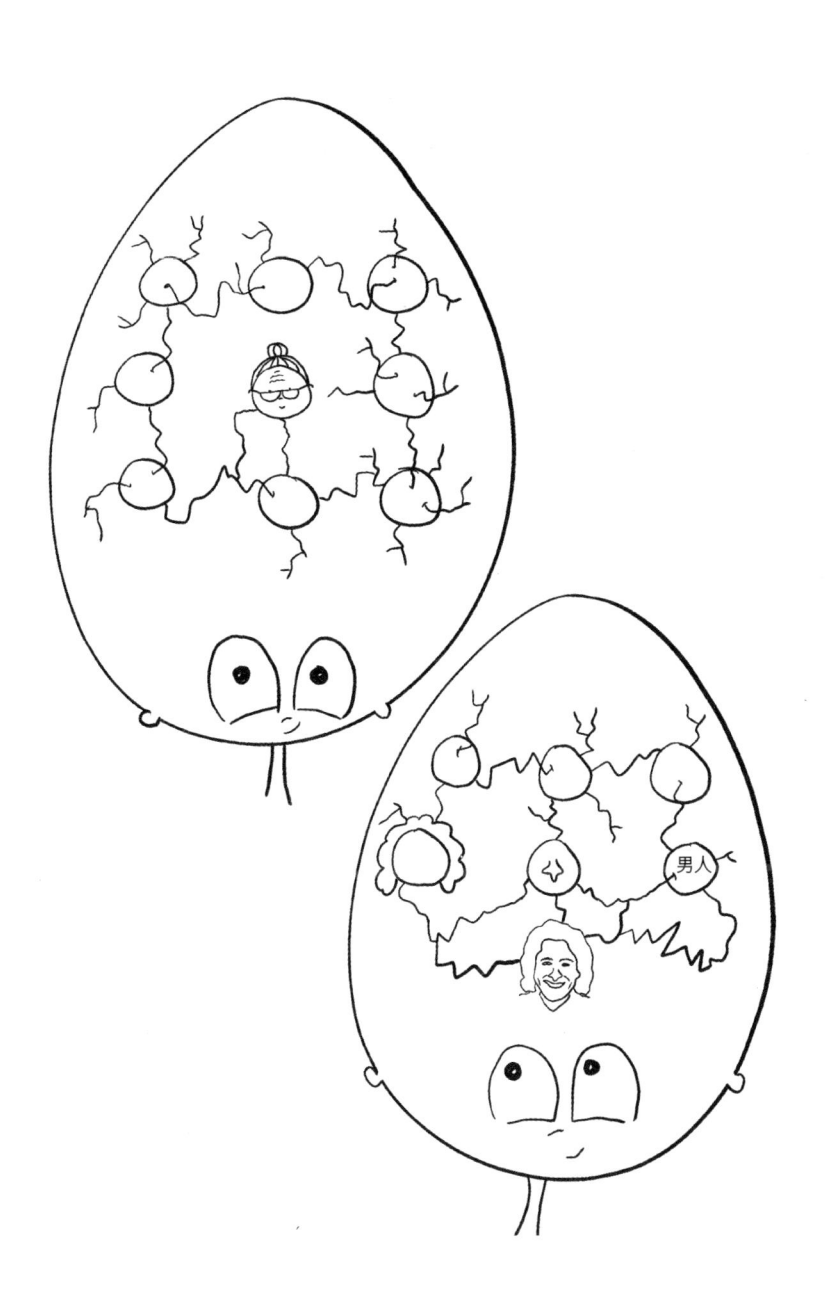

一小部分，在众多实验对象的脑中都找到了这个詹妮弗·安妮斯顿神经元，说明这样的神经元应该有不少。每次都能碰巧找到那个特殊细胞的概率几乎小到不可能。因此这项实验不能证明"奶奶神经元"（也就是只针对一个特定的人起反应的细胞概念）存在。不过这整个课题却是一个很好的提示，它告诉我们大脑对一件事编码处理时，需要参与的神经元其实比我们之前猜想的要少。同时，这整个实验也是一个很好的例子来展示信息如何由一系列神经元的连接，最终实现对一个具体概念甚或一个人的编码。

脑中的硬盘在哪里

我们现在确信脑中有彼此相连的神经元，我们的记忆就藏在这些连接之中。但究竟是脑中的哪个位置？脑干、小脑、间脑——它们都有各自重要的任务，使我们保持生命体征的同时当然也存储着一定的信息。而大脑是负责意识的，我们应该首先在大脑中寻找记忆吗？

脑研究者用不同的研究方法寻找了很久。毕竟常常有人出现记忆障碍，如果能确定这样的人他大脑损伤具体在哪一个位置，就很有理由说，这一记忆功能和受损的部分存在一定的联系。假如你的车开不了了，修车店也是会先看一下各处的零件。如果有哪个零件看起来像是坏了，那问题就有很大可能出在它身上。然而这并不是绝对的。也可能车里那条锈了的线其实还能用，毛病藏在别的地方。机械工会先把生锈的线换掉，如果问题不是它造成的，那再继续找原因。

　　脑研究者当然不可能这么操作。早期的神经外科确实有过一些错误的做法：比如有些患者在治疗中被切除了一部分大脑，结果出现了很大的记忆空白。不过它同时让记忆研究者发现，切除一部分脑的时候，记忆也跟着被"切"掉了——这是个大证据。为了研究健康状态下的记忆，人们动用了从动物实验到患者神经元的传导，再到磁共振等各种不同方法。这些方法有着不同的优缺点，但总的来说，研究结果都得出了大脑中某一块或几块不同的区域或许是我们大脑计算机的硬盘所在。

是在海马体中吗

　　最常被提到的位置就是海马体。每个对记忆研究有兴趣的人应该都或多或少听过海马体对于记忆非常重要的说法。电视节目里如果想用超级简化的脑研究实验做出娱乐效果，那一定有关于海马体的内容参与其中，而它也确实效果不错。海马体这个好听的词是从拉丁语"海马"演变来的，因为它的形状很像海马（当然，我每次都是看电视里节目组把照着泳裤画下来的海马图转转方向贴在大脑图上才能看出来）。海马体的位置比较有意思，是在大脑皮层的下方，脑中很深的地方，但是由于它形状特别，所以很容易分辨。实际上我们有两个海马体，每个脑半球各有一个。

海马体对于记忆关系重大这一点当然是没错的。我们得到这个认识要感谢一名患者在研究中做出的重要贡献，这位患者以"HM"的称呼载入了记忆研究史。HM先生患有严重的癫痫症，他的主治脑外科医生因此切除了他几乎全部的海马体。手术后癫痫症确实治愈了，然而悲剧的是，他的记忆力也遭到了严重破坏。这个记忆损伤的具体类型使他的整个记忆情况非常有意思，因此这名患者在之后数十年参与了无数的相关研究。

研究发现，HM先生可以想起手术之前的记忆，但是无法将新的情景记忆收录到长时记忆中。他的短时记忆、程序性记忆以及部分语义记忆依然功能正常，这在实际生活中会导致一些奇妙的情况。比如HM先生每次打高尔夫球的时候都感觉自己是个天才，因为他以为自己从来没有打过，但是每次击球却又稳又有力度。事实上他是在脑部手术之后学习了打高尔夫球，脑中的程序性记忆仍然在起作用，只是每一次他都会忘记自己是练习过打球的。

智商方面HM先生也完全没有受到影响。在一次智商测试中，他的成绩甚至超过平均水平。只要填字游戏题目设定的答案从1953年之后没有改动，他也能玩得很好。但是HM先生在手术之后又继续生活了50年，他周围的生活环境发生了很大的改变。如果给他看一部手机，一小段时间之内他可以知道这是什么、叫什么名字，毕竟短时记忆还在起作用，然而很快他就会忘记这是个什么东西。HM 先生每天早上醒来都以为是在 1953 年，自己还不到 30 岁。可能很多人偶尔有疯玩了通宵之后起床照镜子吓自己一跳的时候，但是想象一下，早晨起来以为自己二十几岁，但是一照镜子却看到一个老头，简直跟见到鬼一样。2008 年，82 岁的 HM 先生去世，他把自己的脑捐出，用于科学研究。一年之后，在一场 52 小时的现场直播中，他的脑被切成 2041 个薄片。成千上万的人观看了直播过程。如果谁当时碰巧点进去看了，可能会一头雾水，对自己的理解力产生怀疑。检查结果显示，HM 先生除了被切除了绝大部分海马体（以及周围区域），脑中还有其他小损伤。这些地方也可能造成他的记忆缺陷。但他的海马体也有一部分遗留，虽然人们认为这一部分应该已经丧失功能，但是也没法给出一个完全肯定的结论。

  运用现代磁共振成像检查的方法同样可以看出海马体参与了记忆过程，然而想要确定它在其中的具体作用却很难。比如用这种实验方法我们发现海马体也参与了短时记忆，但像 HM 这样的患者案例中，短时记忆在没有海马体参与时也没有受到影响。另外的研究显示，海马体负责的是信息的连接和联想工作。因此有一种设想是说，海马体的作用是作为新记忆的接收点，而短时记忆的存储是在脑中其他某个地方。

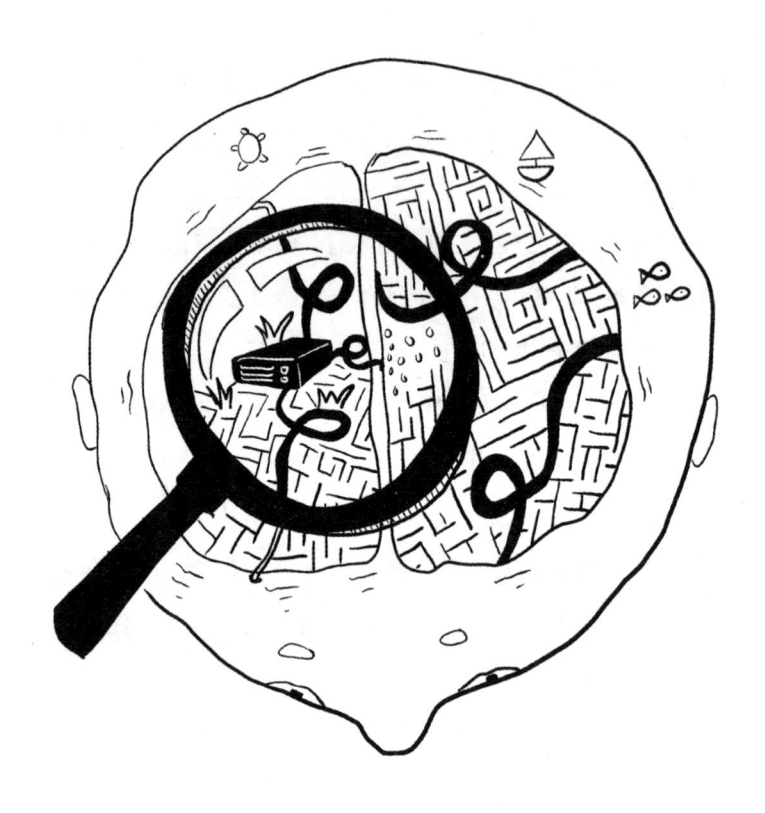

海马体首先把将要存储的信息接收进来，然后再分发出去。这差不多相当于公司的收发前台：所有的信件首先被送到这里并且暂时存放。广告直接扔掉，其他信件分发到各个部门，以便那里的员工来处理——有的被归档，有的被扔掉。信件分发是在晚上进行，这样不会打扰到其他部门的员工。确实，信号从海马体出发到达脑中其他部位也大多在睡眠时进行，对于记忆过程来说就是巩固阶段，之后还会详细讲到。

那么海马体是单纯的分发站吗？脑中的实际情形其实更

加复杂。我们知道海马体有联网的功能，然而信息也会同时在其他地方直接备份，也就是说，信息会在脑中有好几个备份。这就好像信件被直接送给各个员工，同时，前台收发也会短期保留一份复印件用来登记，以备日后查询原件的位置。这种类似目录的索引功能也在海马体实现，不过从 HM 先生只能回忆起手术前的情况来看，海马体的索引功能应该只对新的回忆起作用。由此以及其他实验得出的结论我们可以看出，海马体并不是脑中的硬盘，我们得继续寻找。

是在额叶吗

大脑皮层（也就是皮质，这个概念是指整个脑的皮层）远比海马体大得多，并且有许多不同区域。与海马体有联络的脑区大多位于皮层中。大脑皮层首先可以分成不同的"叶"，额叶、顶叶、枕叶和颞叶。包在下面的是岛叶以及边缘系统，海马体就属于边缘系统的一部分。光从名字也看不出太多信息来，这些只是医学上用来表示前后左右的概念。但是为了让普通人听不懂医生的专业用语，所以特别采用了拉丁语概念。事实上，用这些词语当然是因为它们能够更加详尽完整地描述身体上的位置和方向。比方说，如果我们说成"上叶"，那坐着或者站着的人肯定跟外科医生所理解的位置不一样，因为外科医生接待的患者一般都是躺着的。

有些功能可以在皮层中清楚地定位出来：负责处理一切

视觉信息的视觉中心主要位于枕叶；听觉中心在颞叶；触觉在顶叶；而额叶（也被称为前脑）则对思考功能特别重要。

所以我们的硬盘寻找行动在这里大有收获——不，脑中的硬盘我们其实还没有找到，但是找到了大部分的内存所在！它就在我们脑的最前面，也就是额头后面的"前额皮层"。在人类身上，这一部分脑的作用尤其突出，它甚至是决定了我们之所以为人的脑区。

很早以前人们就已经发现，前额皮层受损会导致人的性格大变。1848年曾经出现过一个很著名的极端案例：当时在铺设火车轨道时需要爆破岩石，铁路工人菲尼亚斯·盖奇（Phineas Gage）在一次严重的爆破事故中被一根一端直径为3厘米的铁条射穿了头部。铁条从他的下巴左侧一直穿透颅骨，但是菲尼亚斯·盖奇却奇迹般活了下来，据说当时他甚至还意识清醒。盖奇康复得很快，尽管他的大部分前额皮层遭到损坏，但是从事任何体力活动都没有问题，语言能力也在几周之内就恢复了。然而他整个人的性格却完全改变了：他无法制订计划和目标，决策力锐减。此外盖奇还变得爱冲动、无法得体社交、幼稚而且性欲旺盛。如果你感觉盖奇的症状在进入青春期的青少年身上似曾相识，那不是没有原因的。前额皮层是大脑中发育时间最长的区域，一般人直到20岁，有些人甚至到25岁时这一块才能发育成熟。

还有一些患有脑部疾病的患者也表现出了相似的症状，

而且他们的短时记忆都受到了很大影响。那这些跟我们要找的脑中硬盘有什么联系？长时记忆也在脑的前部吗？关于这个问题，有个很有意思的知识：前额叶跟脑中其他部分，尤其是跟海马体，都有非常好的连接。HM先生由于海马体受损而不能录入新的记忆，前额叶受损的患者则表现为较新的记忆功能良好，而早期的记忆却无法唤起。这么说前额叶是负责所有工作吗？内存、处理器和硬盘都是一体的？然而答案并不是这样，我们研究得到的结论同样也是：这一大脑区域参与处理记忆，但它不是存储记忆的硬盘本身。

今天的人们认为，海马体负责主持新记忆，然后把需要保存的记忆提交到前额叶。信息在前额叶被整理归纳，并且在这一过程中形成所谓的模式。举个例子，知道宝可梦（Pokemon）吧，就是由任天堂（Nintendo）游戏公司开发的彩色小怪兽们。至少那个黄色、圆乎乎、有红脸蛋和闪电形尾巴的皮卡丘（Pikachu）大名鼎鼎，熟悉它的不只目标客户小朋友。目前为止，整个系列一共有700多个小怪兽，每个都有不同的特长和能力。它们当然也有很多相似之处。现在如果找一个从来没接触过宝可梦的人来记住一些小怪兽的属性细节和名字，肯定是很难。但如果是1990—2000年出生的人，小时候就很可能经常玩宝可梦的游戏，他们的前额叶中就很可能存在"宝可梦模式"这样一个基本的知识构架。即使他们最近这些年不再关注游戏更新，也可以很快记住新出的小怪兽细节信息。在外行那里，海马体要处理一段时间后才能保存信息，而在行家那里，前额叶在短时间内就会接手，不过这两种情况都只是共同作为最终储存信息的参考。

无处不在与无处可寻

我们继续搜寻大脑皮层的其他区域，还是找不到存储记忆的真正所在。如果去学术数据库中输入一个脑区的名字加上"记忆"这个关键词，总能找到相关区域发现了记忆的研究文献。这样就只能表示：记忆是一种分布在整个大脑中的能力。

而单独的一个记忆也因此并没有确切的储存位置。我们每一次回想经历的时候，这个记忆都会被重新构建。记忆中单独的一个元素，比如形状或是詹妮弗·安妮斯顿，或许只需要单独或是很少几个神经元来编码，但是一项整个的回忆总是需要成千上万个神经元共同参与。

二十世纪三四十年代，美国科学家卡尔·斯宾塞·拉什利（Karl Spencer Lashley）做了一项很残忍的动物实验试图消除大鼠的某项特定记忆。大鼠通过反复走迷宫可以记住迷宫的路线。但是如果走迷宫之前或者走迷宫时摘除它的海马体，它就没办法记住路线了。相反，如果路线是大鼠在很久之前就已经记住的，也就是说，在长时记忆中保存的，那么摘除了海马体后大鼠还是可以想起来。因此拉什利继续研究，他开始在其他大鼠身上陆续摘除脑的其他部分，然而这些大鼠好像一直都可以想起路线来。最后，拉什利把大鼠的脑摘除到只剩下勉强维持生命，几乎已经爬不动的程度，它们还是可以在迷宫中找到熟悉的路线。拉什利设计这个实验的出发点是记忆被整体编码在某一脑区之中，而看来这个假设是错的，实际情况并不是这样。比如把大鼠的视觉皮层摘除后，它可以凭借嗅觉和触觉来运用记忆信息，反过来也是如此。拉什利确实去掉了大鼠记忆的一部分，但是却从来没有成功去掉过全部。

这个实验结果非常清楚且令人震撼，以至于直到20世纪90年代，整个神经科学研究领域几乎都不再试图定位回忆的位置。直到有了现代成像的实验手段之后，才提供了不用伤害大鼠来做研究的可能，人们开始渐渐修正之前的一些认识。我们的感官和运动机能在脑中的定位是很早就已经弄清楚了的。"大脑皮层地图"可以得到验证并且展示感知和身体各部分之间的联系。"大脑皮层小矮人"算是全世界最有名的一张神经科学图像。

这幅图是以加拿大神经学家彭菲尔德（Penfield）的研究认识为基础绘制出来的，它点对点地整理出了身体部位和大脑皮层的对应关系。其中身体部位的大小并不代表大脑皮层中相应位置的大小，小小指尖对应的神经元要远远多于整个背部对应的神经元。"两点辨别"是验证这一点最受欢迎的方

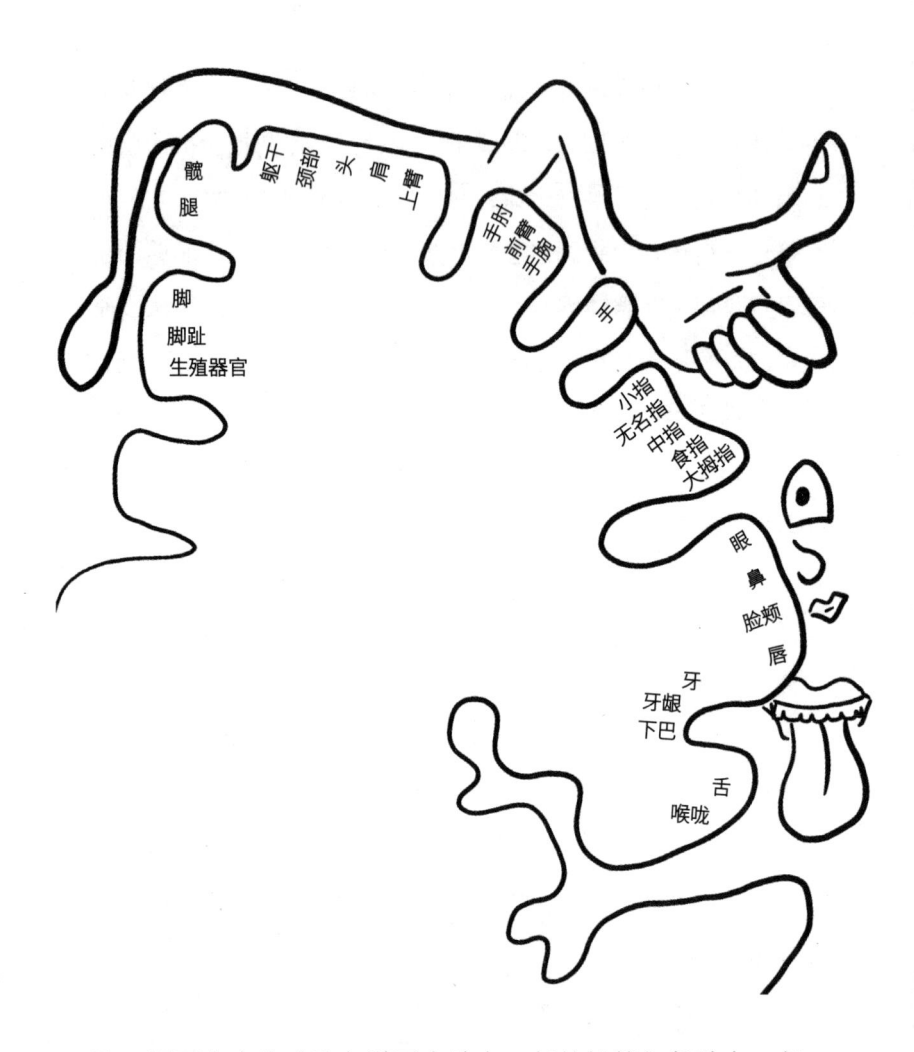

髋 腿 躯干 颈部 头 肩 上臂 手肘 前臂 手腕 手 小指 无名指 中指 食指 大拇指

脚 脚趾 生殖器官

眼 鼻 脸 颊 唇 牙 牙龈 下巴 舌 喉咙

法：用两个尖头（比方说两个贴在一起的铅笔）紧贴在一起扎一下指尖，你能感觉出来是两个尖头在扎你；而在后背上，即使被两个分开1厘米距离的尖头扎一下，你仍然只能感觉到一个接触点。

彭菲尔德通过对脑轻微的电刺激，触发身体上相应的肌肉反应或者知觉，然后绘制出"地图"。由此我们了解到，对右半脑的刺激会相应触发左半边身体的反应，对左半脑的刺激会触发右半边身体的反应，因为神经是交叉的。对脑中其他不同区域的刺激可以触发不同的反应，从复杂的幻觉到语言影响都有。但是脑中 0.1 毫米距离之外就可能对应的是完全不同的另一种身体反应，而且这种对应是很个体化的。通过这个方法我们也发现，大脑对于感官知觉的处理也是可以定位并且绘制成图的（其他感官的脑中地图如今也都可以做出来），但是更进一步的处理过程在哪里实现我们还无从知晓。

人人都有超强大脑

"超强大脑！"这是一个经常在记忆选手身上听到的词，一个很高的评价！但是作为一个词语来看，其实相当没道理。我自身的经历告诉我，我其实是一个记忆力普通的人，只是通过训练和技巧才达到了世界纪录然后上了电视节目，科学意义上的超越常人当然是没有的。就像"我在比赛日把 T 恤反穿，我爱的球队已经连赢三场了，所以我以后都这样做"这种想法一样，衣服穿法对比赛结果没什么影响，我自己的个例也证明不了我的猜测。至少我其实根本不知道自己大脑到底有多"正常"——我自愿花几个小时记数字这件事，有的人听后可能就已经觉得我"不正常"了。同时因为经过训练，大脑会发生改变，我们有不错的理由去猜测，在记忆选手的大脑中能够找出一些跟未受训练的"普通人对照组"不同的地方。为什么这么说呢？

所有理由中有一项很著名的英国研究：在 2000 年左右，伦敦的记忆学家埃莉诺·马圭尔（Eleanor Maguire）测量并检查了伦敦出租车司机的大脑。伦敦出租车司机跟记忆研究有什么关系？很大的关系。如果你想要在伦敦开出租车，首先要通过一项考试，参加者称为"知识"测试。你需要记住伦敦城里和周边上千条路的名字，还有上千个酒店、餐馆、景点，以及它们之间有哪些路段。我敢说，通过这个考试的人下辈子一定会投胎成导航仪。这也的确导致他们中一部分人的海马体可测量地变大。那是一个我们很早就知道的跟记忆和导航有关的脑区。

在后续的实验中，人们又证实了这种大脑改变就是在准备考试的几年时间之内通过反复训练造成的。就是说，司机不是一开始就有偏大的海马体，而是在他们成为伦敦出租车司机的过程中海马体变大了。这样我们当然很容易想到，记忆选手的脑中应该也有同样的发现，毕竟他们比伦敦出租车司机记的事情还要多。

我自己当然是想了解得更多一点儿。所以我在大学里读完了物理和计算机专业之后，幸运地抓住机会转去脑神经学专业读博。这个专业转换也不算离谱，毕竟神经学也是运用自然科学的方法做研究，得到的大量数据可以用到统计学和计算机学的知识。从 2004 年左右起，德国和德语区国家在这一领域的研究就处于世界领先水平，因此很有学术条件优势。我实际上可以在当时全世界排名前 50 的记忆选手中邀请到 30 名来慕尼黑配合研究。现在剩下的就是自然条件问题了，我没办法直接看记忆选手大脑的内部。找两个力气大的学生按住选手，再找个圆锯应该也行，只是到时候一摊血不太好处理……

  幸好最近几十年人类发明了不少不用损伤颅骨就能检查大脑的方法，只是不同的方法在时间和空间上的精确度各有不同。也就是说，运用脑电图（EEG）这一类的方法我们可以在微秒层级上观察大脑活动，但是只能局限于外层脑区。电子计算机断层扫描（CT）的方法可以观测整个大脑，但是它有很高的放射风险，因此没法用来研究大脑活动。正电子发射断层显像（PET）也有同样的问题，这个方法使用了一定量的放射性物质，虽然用量很少，在研究范围内是可以接受的，但是很自然不是谁都愿意反复接受测试，而且对于科学家来说很遗憾的一点是，这个方法超级贵，因此目前最常用的研究方法还是磁共振成像。

出发去管道

  磁共振成像不需要用到放射性物质和 X 射线，取而代之的是超强磁场和放射波。只要严格遵守使用规定，这是目前已知的对人体比较无害的方法。当然，磁场会吸引金属物品，所以有心脏起搏器和其他植入金属体的人不可以进磁共振成像仪器（我们一般叫它扫描仪）。把金属物品带进磁共振成像房间也同样危险，物体会被吸引，然后被超强加速。

如果有空可以在网上搜一下"磁共振、金属"的视频，然后你就知道现实中这么干到底意味着什么了。很多人不知道磁共振成像是以超导体线圈为基础，磁力非常强大。

这里就不在物理内容上扯太远了：超导的意思简单说，就是某些材料在一定温度条件下电阻变为0，从而实现持续稳定的强大磁场。问题是这个"一定温度"非常冷，超级冷。绝对零度是开氏温度的零度，而磁共振成像使用的超导体需要的温度只比绝对零度高4℃而已，也就是−269℃。说回磁共振成像扫描仪：这就意味着使仪器中的超导部分逐渐降到这么低的温度需要花很长的时间，而且达到这个温度之后最好一直保持住。因此在实际使用中，仪器的磁场一直处于工作状态，无论是在夜里、熄灯后还是患者检查完成之后，机器都是不关闭的。这时候如果有好心的患者亲属进来帮忙，不巧衣兜里有钥匙或者硬币什么的，那这些小物件就会像子弹一样蹦到仪器里躺着的那位身上，后果将很不美好。

除此之外，检查时的狭小空间感和巨大噪声很多人也受不了。幸好在瑞安（Ryanair）、易捷（Easyjet）这些廉价航空流行的时代,如今越来越少的人害怕狭小空间,而噪声问题用耳塞也可以解决。由于持续的强大磁体周围磁场放射波不停变化(一秒钟几百万次),因此会产生很大的噪声。我们运用磁共振成像对脑拍照所利用的原理是:人的身体由不同的元素组成,其中一些元素有所谓的"核自旋",即核自旋角动量。此外,由于我们的身体大部分由水构成,因此身体中有超过60%的原子是氢原子。你可以把角动量想象成一个轴,这个轴从原子中间穿过并使原子像陀螺一样转起来。除此之外它自己也是有磁的,没有外部磁场的情况下原子会各自向各个方向旋转。当身体进入磁共振成像仪后,这些微磁体就统一根据外部磁场的方向旋转。

现在我们在外部磁场再加入一个电磁波,这样身体中的小磁体会在电磁波的撞击下失去原来的方向。关掉电磁波,小磁体又继续根据磁场方向旋转直到再次统一。就和玻璃球在空气、水或者蜜中滚动的状态不同是一个道理,它们如何旋转、转多长时间都由周围的环境决定。由于我们身体中的氢原子陀螺本身也是一个磁体,因此旋转中会在轴上感应生电。这跟发电机的原理一样:磁体绕着轴转动,自行车灯就亮起来。当然,"灵光一闪"这句话在这里用不上,因为磁共振成像仪里感应出的电不用来点灯,而是测量不同的旋转状态,从而知道哪些组织在什么位置,然后绘制出检查部位的图像。

医学上用这种方法很容易检查出脑中的积水或是肿瘤,

因为这些部分的水分子含量与周边组织的区别很大。由于脑中存在分区，而各分区中的神经元不同，因此我们也可以通过这个方式很好地比较普通人某个脑区的平均水平和某些特定人群，比如在伦敦出租车司机脑中就可以发现他们一部分海马体变大的现象。

研究大脑活动只用上述方法当然还不够。脑中生成新的连接这一现象历时较长而且对象太过微小，用磁共振成像仪器很难测量出来。因此功能性磁共振成像（fMRT[1]）运用了另一种叫作血氧水平依赖（BOLD）现象的原理：我们的脑需要靠氧气维持工作，而富含氧气的血液和含氧量低的血液的磁化强度是不同的。这是因为红细胞中一种含铁元素的蛋白会和氧结合在一起。也就是说，含氧量低的血液中有更多未结合的铁原子，它们会在扫描仪的磁场中转起来。这样我们用磁共振成像就可以把血氧浓度高和血氧浓度低的血液区分开来，而大量供氧和消耗氧的区域，正是脑活性较高的区域所在。我们其实并没有直接监测脑活动，只是通过测量脑中何处耗氧来推断脑的活动。

这是研究者需要注意的一点重要区别。比方说大量的氧被很快消耗，而后续供氧还没有来，此时这里的血氧含量可能在供氧到来前的几秒钟里反而呈现偏低的现象。想象一条

---

[1] 此处为德语缩写。——编注

高速公路上的大工地，你坐在飞机或者卫星里看不出单独的工人，但是可以看出来这块地方有很多大型卡车在运进建材、运走垃圾，由此可以推断出这里应该正在努力修建什么东西。然而建造本身的动作我们并没有看见，也不知道这个工程是何时开始的，卡车运走建筑废料之前，这里肯定早就开工了。

在脑活动的问题上情况甚至更加复杂。脑一刻不停地在工作，所有感官都处于活跃状态。比如我把一个受试者送入扫描仪，让他在里面看一个屏幕上的数字然后记住它，此时我可以监测到很高的脑活动，然而大多都与记忆数字无关。因为首先要读出数字，也就是说涉及看、读以及分辨数字的脑区。另外还有其他的因素，受测试者现在是躺在扫描仪的平台上，这时他身处一个嘈杂而陌生的环境，脑同样需要做出处理。再来他有可能这会儿肚子饿了，或者脚痒了，或者开始盘算待会儿拿到实验酬劳要怎么花。我作为研究人员，观察的时间只有一小会儿，但却很奇妙地能看到很多跟记忆无关的脑活动。因此在做功能性磁共振成像时，需要做不同时间点的比较。我会在另外的时间点以同样方式给受试者同样的数字，要求他只读不记。此时受试者其他的脑活动进程继续，这样比较两个时段的图像，我就有希望找出一小块多出的地方，也就是只有在记忆进程时才处于活跃状态的脑区，然后由此猜测，这里是处理记忆过程的地方。

在实际操作中，单独一次的比较也是不够的。往往需要在多名受试者身上多次比较，之后采用统计学的方法研究出一个可能性最高的真正差异。由于这个实验方法还很新，因此目前还只有少数几个明显的区域被识别出来，或者说只有这么几个容易看出来差异的区域。在脑半球上把这些区域标记成红色，就可以得到一张脑部活跃情况图。如果让受试者做逻辑类题目，最后整理绘制出一个标记都位于左半脑的红色区域图，那外行（还有研究者自己）很容易认为：左半脑这里是负责处理逻辑的！而事实上大脑中还有很多活动，只是没有明显到可以标记出来。实际研究中有太多不同的统计和计算方法，神经学的后续实验很快就修正了之前的错误认识。只是"左脑=逻辑"的错误印象实在很难从大众的脑海中拿掉了（反正从互联网上消失是不可能了）。

记忆选手的脑

在2001年的伦敦，埃莉诺·马圭尔初探了记忆选手的脑。不过当时参加实验的记忆选手人数很少，而仪器的磁力也比较弱，所以她没有发现什么区别。最主要的是，记忆选手们的成绩在后来的一些年中进步非常大。

我也必须承认：单纯从构造来讲，确实很难确定记忆选手的脑跟普通人相比存在何种区别。或者换个方式说：记忆选手的脑完全就是普通的，我自己的也是一样。一直以来，我也常跟着我的脑一起反复多次，甚至在不同的大陆被塞到各种仪器里去检查。所以我此刻可以用很科学的态度说：我的脑绝对——普通。你不信的话，我也不想在本书里拿一堆不好懂的科学细节折磨你，拿张图来解释很适合。比如下面这张：

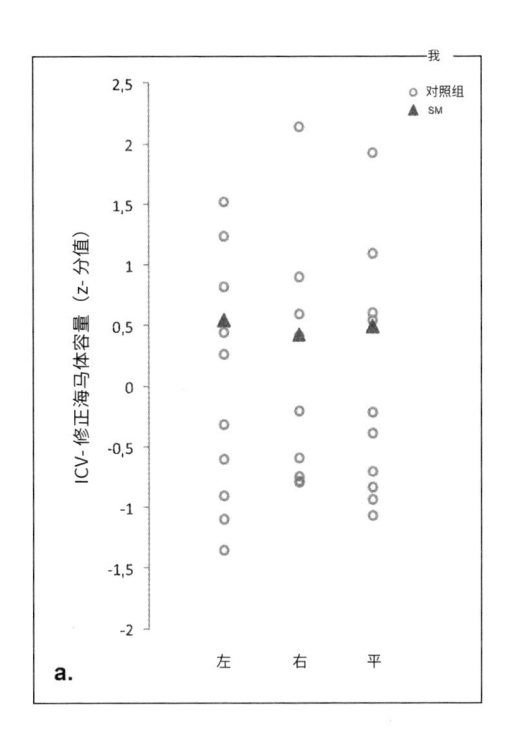

根据 Ramon M 及其他人 2016 年的测量结果，我的海马体大小（左侧海马体、右侧海马体、平均值）与对照组的比较

这是一项在苏格兰进行的关于"记忆名字专家"的研究，他们测量了我脑中的海马体。我的数据在图中显示为小三角，小圆圈是对照组。看出什么来了吗？什么也看不出来。失望吧。我刚刚跟你就是这么说的。

但是为什么出租车司机的脑有改变，而我们却没有呢？这是由于记忆一个城市的街道是一项特殊又单向的任务。可能你还记得《阿斯泰利克斯历险记》(Asterix)[1]里面那个标枪选手。他只训练了右手臂，看起来像二头肌上植入了一个球一样。同样的道理，不好意思要这么讲，出租车司机的脑也差不多是这样。而记忆选手更像是喝过魔法水的阿斯泰利克斯(Asterix)。记忆选手对大脑的锻炼是多方面的，魔法水当然没有，但是我们有特别的记忆方法。这些方法不会专门强化一个大脑区域，而是把很多不同的记忆系统连接起来。

我们在慕尼黑科学研究了记忆选手大脑的连接能力，并且比较了对照组。一般来说，这种实验对象都是大学生。原因嘛，当然是大学里学生多，愿意来，又便宜。有些心理学教授在很多研究中用的实验对象全是本系的学生。这样得出的心理学结论是不是普遍适用其实很让人怀疑，毕竟能考进大学并且对这项心理学研究有兴趣的实验对象其实算是很特别的人群。

为了跟这些记忆运动选手做比较，我们需要找一些跟选手相似的人做对照组。最理想的人选当然是选手的双胞胎兄弟姐妹，而且他们要符合从来没有做过记忆训练这个条件。我们在选手中快速问了一圈，有没有人家里还有双胞胎兄弟姐妹，结果一个都没有。于是我们只好继续招人做对照组，

---

1 法国系列漫画，又名《高卢英雄传》，法语原名 Astérix le Gaulois。

条件是跟选手同样年龄、同样性别、同样教育背景,当然,相近的智商水平也要照顾到。

我们比较了这两组人员的大脑连接能力。果然有收获!记忆选手额叶和海马体的连接更加紧密,由此脑中的各部分连接情况也都更多更好。记忆选手没有增大脑中的存储容量而是修建了更好的道路,更有效地利用现有的内存。并且他们可以将记忆打包,把平时只能在一个地方存放的东西转移到另一个地方去。不过这还不能完全说明是训练增强了人脑的连接能力,也有很大的可能是本来拥有这种脑连接天赋的人在记忆训练中更容易脱颖而出,成为出色的记忆运动选手。因此,我接下来在对照组中找了一些人,做了记忆训练。这些人经过六周每天半小时的训练已经可以在相同时间里记忆之前双倍的数字、词语和名字——效果十分显著。

在之前的心理学研究中已经证实了这种训练方法非常有效,只是我们并不知道这期间脑中究竟发生了什么变化。而接受训练的对照组人员即使还远远不能达到记忆运动选手的脑连接程度,但是这种改变趋势是真实可测的。

此外,脑活动研究的结果也显示,通过技巧可以使其他脑区也活跃起来。从记忆运动选手和对照组的比较中可以看出,完成记忆任务时,记忆运动选手的脑明显有更多的活动迹象,更多的大脑区域和记忆系统参与其中。有趣的是:在对照组的人员回忆记住的数字时,大脑活跃区域显示为短时记忆相关的位置,而记忆运动选手在回忆哪怕几秒钟前刚刚记住的数字时,大脑活跃区域与几天前记忆的内容是同样的区域。由此我们得出一个明确的推论,那就是记忆运动选手可以把记忆内容直接储存在长时记忆中,从而省去了先在短时记忆存放,再到长时记忆加以巩固的中间步骤。在实际记忆效果中也可以看出这一点:不预先告知的情况下,如果在第二天突然问起前一天所记忆的内容,运动选手几乎都可以回答出全部内容,而对照组尽管前一天记忆的数字相对较少,到第二天也几乎都忘记了。

连接良好

我们来总结一下:大部分脑区承担不同的记忆功能。单独一个记忆并不在某个单独脑神经细胞或是单独区域中。更确切地说,在小层面上是一些脑神经细胞共同协作来储存一个信息,而在大一点儿的层面上,则是不同的脑区共同协作,从各个信息中重建回忆。从记忆中"加载"一个情节的过程总是意味着对信息一次新的构建。仅仅是从语义记忆中调用的记忆内容,也是不同系统共同协作的结果。

脑研究的一个新方向发生在网络层面上。这个方向的研究也同样用到功能性磁共振成像的方法,不过是它的另一种形式，叫作"静息态功能磁共振成像"（rsMRT[1]），即测试者在接受仪器测量时不做任何任务，只是静静地放空大脑躺上几分钟。想着"真好，什么都不干就能赚钱"也是不行的，真的什么都不许想。但想不到的是，有些人做到这一点非常难，而同样想不到的是，另外一些人则非常容易就可以做到。对于我们研究者而言，比较有趣的发现是在这种静息态下大脑也是保持活动的。只是此时测出的数据更像是一种噪声。在实验对象完成记忆任务时，我们可以得到他们清楚的大脑活动图像，而静息态时，屏幕上显示的图像则是雪花状，就像是收不到信号的电视机一样。因此研究者曾经一度忽略了这个状态。

不过2001年的一个开创性研究成果显示，有一系列脑区恰恰在静息态下特别活跃，而在完成某些特定记忆任务时相对沉寂。静息态下得到的噪声并不是随机无意义的，我们观察到的正是大脑此时的活跃状况。也就是说，在静息态测量时，这些区域的脑活动是平行的波动。当某一个区域特别活跃时，其他几个脑区会同时活跃，这一现象被称为"功能连接"。因为这些分散的脑区在波动时是互相关联的，所以这些共同活跃的现象我们可以用数学的网络模型来研究。

这些网络连接被它们的发现者[赖希勒（Raichle）、麦克劳德（McLeod）等人]称为"默认模式网络"（Default Mode

---

1 此处为德语缩写。——编注

Network）。这个网络总是会在我们白天瞎想、神游或是专注内心不注意周遭环境时处于活跃状态。此外，这个网络还负责我们脑袋里的声音，它平常专心做事时不出现，一要上床睡觉时就跑出来："现在就睡觉吗？挺勇敢啊。我以为你还得准备明天的研讨会呢。行吧，反正你得知道这事。欸，听到水声了吗？水管里传来的吗？我就是说啊，别像你中学班级春游时那个同学一样尿床哈，那次真是太搞笑了。当然他本人应该不觉得搞笑。欸，他叫什么名字来着？"

海马体和前额皮质也属于默认模式网络，可是这些地方不就是记忆东西时用到的位置吗？实际上，我们走神乱想的时候总是在回忆自己生活中的一些事情，思考关于自己还有别人的意图，在这个过程中就要用到记忆。这样一想就可以解释得通为什么这些区域会在此时活跃了。

反过来同样，这个网络的高连通性不但关系着静息态下时刻准备接受任务，还负责记忆的持续构造。就像午饭后同事们一起到茶水间八卦一样，不仅有放松心情的作用，还可以互相有效地传播新消息，催生出新点子，因此几乎没有老板会反对这件事。

不同的精神类疾病，比如抑郁症、注意缺陷与多动障碍（ADHS[1]）以及阿尔茨海默病，其实都是默认模式网络障碍。

---

[1] 此处为德文缩写，英文缩写为ADHD。——编注

抑郁症患者的默认模式网络连通性更强,只是这样导致了更多的冥思和自我关注。情况差不多就像同事们聊天时有人说"听说一个重要客户欠款了,公司很快需要裁人",于是所有的员工都在茶水间里忧心忡忡,不能正常工作,直到公司真的因此出现问题。

注意缺陷与多动障碍以及阿尔茨海默病则是这个网络的连通性减退,造成了相关的记忆障碍。我们在思考未来的时候,各种胡思乱想以及脑中描绘的未来场景都是在默认模式网络活跃状态下进行的。调取回忆和描画未来可能出现的场景时脑活动非常相似,这也显示出,两种情况下大脑中所进行的都是一种构建过程。

对于大脑中的连接,不仅可以做功能性研究,也可以做结构性研究。我们可以研究出脑白质中哪些位置确实有特别多的神经束通过。由于神经也是由水分子连接而成,所以这一研究也可以通过磁共振成像的手段实现。这些水分子拥有动能并且持续处于所谓的"扩散"运动状态。如同把一个茶包放入热水中,我们可以观察到茶在水中逐渐扩散到整个杯子。假如搅拌一下当然可以使进程加快,不过在自然状态下也可以达到扩散效果。气体也是同样,香薰蜡烛的香气可以弥漫整个封闭的房间。或者某些其他气体,你懂的。

单个水分子的运动带有偶然性,然而大脑中的水分子在移动过程中不那么自由,有很多界线,它们在神经通道中的运动相对于有细胞膜阻隔的地方要明显容易很多。这就像你去一场人特别多的演唱会，如果其间去走廊排队上厕所或是买水，虽然人多，但是还能慢慢向前挪。可如果你需要在人群里左右穿插地找你的朋友，那找到之前就肯定会来回撞到不少人。由于脑中的水分子可以对仪器的磁场起反应，因此我们可以观察和追踪它们，从中找出水分子移动幅度更大的地方，从而确定神经纤维的方向。就像是如果有人从演唱会上空的直升机里向下看，似乎每个观众都在前后左右地自由移动，然而从某个较快的移动方向就可以大概猜出哪里是去厕所的路。

2009年的时候，迈克尔·格赖修斯（Michael Greicius）利用磁共振成像的方法展示了已知默认模式网络中的功能性连接同样可以在神经通路中看到。也就是说，大脑中确实存在结构性的网络连接。是真正存在的神经网把各自分离的脑区连接了起来，使记忆分布在整个大脑中。神经网也同时调控静息态下的脑活动——类似有一名讨论主持人，他来决定何时分组练习、本组讨论，何时开始个人发言，跟全部人讲解自己的意见。

随着时间推移，大脑连接性的特别意义变得越来越清楚，因此这个课题也成为重点科研项目。2010年，"人类连接组计划"研究项目启动。类似之前由无数科研机构共同合作完整记录全部人类基因信息的"人类基因组计划"。"人类连接组

神经网络

计算机像人类一样具有学习能力？到目前为止，我们都在拿计算机的硬盘来类比我们的脑。然而在另一个相反的研究方向上，一些研究者正在试图教会计算机像人类大脑一样学习。他们把这项研究称为神经网络。然而神经网络并不是以生物学的细胞为基础，不是像科幻电影《黑客帝国》（*Matrix*，1999）里演的那种把人脑或是脑细胞连接到计算机上，而是用计算机来模拟人脑。这样做有两个目的：一方面是改善计算机的功能，另一方面是更好地研究人脑。在"人脑工程"上，欧盟在超过100个地方投入了超过10亿欧元来最大限度地模拟人脑。这是一项有史以来少有的大型研究项目。这样大规模的项目一定会受到质疑：比如对计算机研发的支持，太多基于研究者个人的设想而太少基于真正的脑研究。或许还要经过一些年我们才能知道，这一研究方向究竟可以发展到何种程度，以及我们可以从中得到多少新的认识。最近的研究阶段是在2015年年底，人们模拟了大鼠脑皮层中大约包括31,000个神经细胞的一小部分。这个人工的"部分脑"在实验中的表现与大鼠脑中真正的这块脑组织一样。不过严格说来，我们倒是和一些研究者质疑的一样，还没有真正新的发现。这个项目长期下来，究竟只是在做一个特别逼真的电子宠物，还是可以得到关于脑的新认识，可能还要过几年再看。

与此同时，神经网络还有完全不同的运用。知道围棋吧，它在亚洲备受推崇，有许多专业选手。在德国，围棋在2016年年初才通过媒体为大众所知。当时谷歌（Google）研发的人工智能程序出乎很多专家预料地以4∶1击败了当时的职业围棋世界冠军。虽然1997年的时候，计算机"深蓝"（Deep Blue）曾经赢了国际象棋世界冠军加里·卡斯帕罗夫（Garry Kasparov），在媒体中引起了巨大反响，然而国际象棋相对来说还是比较简单的，程序可以把很多可能的步骤提前计算出来，从中选出最好的。围棋则复杂得多。因此许多专家曾认为，至少要到2025年或者再往后一些的时间点，计算机的运算能力才能达到可以击败围棋世界冠军的水平。然而谷歌的阿尔法围棋（AlphaGo）在2016年就做到了。它依靠的不是强大的运算能力，而是神经网络。

比赛中阿尔法围棋有一些步法下得令围棋高手们非常惊讶，因为这些步法与高手们的想法并不一致。在现场直播的解说中，有些步法被高手评论说"计算机在这里犯了错误"。然而赛后回顾却发现，这正是取得胜利的关键步法。就像我们有时候看足球解说："哎哎，这应该判点球啊！裁判为什么不吹呢？！现在是慢动作回放，可以看得很清楚——这球员要点球的方法也太不要脸了,简直是假摔之王!"

此外,在比赛过程中阿尔法围棋表现得更像一个人类,而不是"著名谷歌程序"。它也正是像人类一样学习着下棋:基于在多层级上相连的神经网络,它首先研究了海量的职业选手棋局数据,然后夜以继日地以自己为对手练习。如果这是一个真人,应该会被其他选手当成异类来笑话的。

阿尔法围棋在这里用到的神经网络是两个并行网络,一个是规则网络,用于学习游戏规则以及从已经存在的棋局中计算出可能的步法。这里的输入即棋盘,输出则是人类选手根据规则可能走的每一种步法的概率。在测试中,计算机的猜测正确率为57%。听起来似乎不高,然而在差不多200种可能的步法中猜中这么多已经相当值得重视了。而且这也能看出,专业选手可能比自己想象的更容易被对手猜中步法。

另一个网络是用来评估每一步可能的下法,并且输出一个数字:预估的获胜可能性。阿尔法围棋通过这两个网络一直不停地重复与自身对战,生成更多的棋局,使自己的棋术变得更强。这其中它还被加入了一个偶然性模块:不是每一步都按照最有可能的人类下法来走,而是做一些变动。当然大部分时候都是昏招,导致输掉这一局。然而在几百万次与自身对战的尝试中,总会发现几个还没被人类发掘出的落点和战略。在真正的比赛中,会通过一种搜索策略共同使用两个网络,最终以人类专业知识为依据,把随机变动的概率降到最小,这样就能以正常的节奏做出落子的决定。

神经网络中的学习原理在于神经元是在多个层级上存在的，神经元从上一层级的神经元获得输入的数值。最初它们并不知道这些数值代表什么，因此这个网络必须经过训练。每一套训练结束总是会输出一个结果，比如比赛的胜败。每一个输入信号都被加权，权重会在无数训练中不停地改写优化。围棋比赛中的神经网络运作需要13个层级和各种不同变化，几乎很难理解清楚。一个简单的小例子讲起来也很麻烦，不过我们还是试一下。

现在要让一个神经网络学习像汽车那样应对交通灯。这里有三种输入信息：红、黄、绿。每种输入信息或者为1（亮），或者为0（不亮）。

接下来的一层有两个神经元，它们各自接收所有三盏灯的信息，并且只有在所有灯的信号数值相加大于等于1的时候才输出信号。上面的神经元输出"禁止驾驶"，下面那个输出"可以驾驶"。重要的一点：理论上两个神经元是可以同时输出信号的，因为神经网络本身并不知道对错问题。

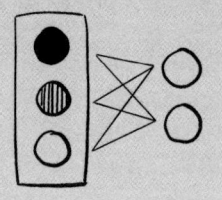

在起始时刻，所有的输入信息权重相同。无论哪个灯亮，神经元都给出"开"和"停"的信号。在接下来的学习过程中，它们才开始得到反馈信息。

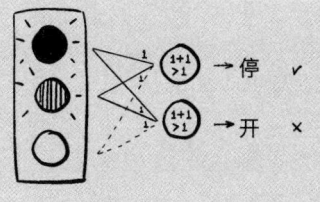

第一次尝试，两个神经元都输出信息。反馈：不行（指令相矛盾）。那么就在接下来的步骤中调整权重。先随机假设第一个神经元的指令是对的，保持不改动。那下面的神经元错了，需要调整它的权重。最初是随机的。

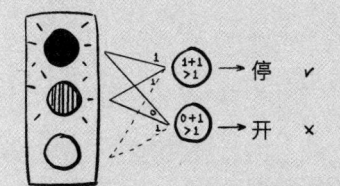

现在来看一下。上面的没有变，下面神经元的权重做了调整。输出结果还是矛盾。

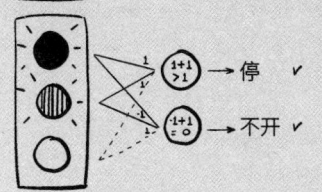

还是上面的不动，下面的继续改动，这次可以了。改动后的数值被采用。接下来就开始学习信号灯其他情况（只有红灯亮、只有黄灯亮和只有绿灯亮）。

在交通灯的例子里，第二层级中上面那一个神经元很快就学习到，它只需要红灯的信号。只要红灯信号来了，它就传出自己的信号。红灯亮的时候，不管黄灯是否亮着都是不允许继续开车。因此红灯在这里得到权重1，而其他灯为0。下面的神经元学习到，接收绿灯信息就足够了。绿灯亮，就可以开车。也就是说，绿灯对于第二个神经元的输入信息是1。此外，还有黄灯。如果只有黄灯亮，那么可以开，所以黄色的数值也是

1。但是当黄色和红色一起亮的时候，就不可以开。红色在第二个神经元中得到的数值是 -1。这样黄色 1 加上红色 -1，和为 0，相当于没有信号。就这样经过几轮学习过程下来，整个网络就可以得到正确的结果。

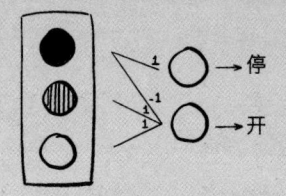

这是最终构型。神经网络通过学习和试错学会了正确的连接模式，从而可以给出正确的输出结果。

在围棋比赛中同样不是只有一个输入信息，而是棋盘上所有的点那么多。因此它有不止一个层级的两个神经元，而是非常多层级的数百个神经元。经过数百万次的筛选后，阿尔法围棋得出了一个带有相应权重值的网络，也就是靠自身经验学会了下围棋。同一研究小组用同样的程序还掌握了一些完全不同的游戏，甚至是 20 世纪 80 年代的电脑游戏。这类游戏的输入其实只有一种，即屏幕上每一个像素点是亮还是灭，输出结果则是控制游戏手柄如何移动的不同选项。神经网络本身并不知道例如游戏规则这样的信息，然而它还是可以很快掌握无数个此类游戏的获胜方法。不过玩《吃豆人》(Pac-Man) 它却不行，因为那些"小鬼怪"的随机移动无法通过学习来预测。谁能想到，在象棋和围棋上都被碾压之后，是"吃豆人"替我们维护了人类的尊严？！

所有这些当然只是开始，谷歌花了 4 亿欧元买下最初研究出这项技术的公司可不是为了拿到围棋世界冠军,而是要进一步发展此项技术。比如它可以帮助无人驾驶汽车做出和人类一样的决策。目前这项技术已经用于辅助驾驶,通过摄像头,神经网络可以识别物体,比如交通标识。此外,它还可以帮助解决一些医学问题,它能比人类医生更快地识别血象图、颅内扫描结果或是 DNA 检测结果中有哪些异常数值需要担心,哪些不需要。在这些工作中,输入的信息比围棋游戏更加复杂,毕竟围棋还只是一个规定好的有限棋盘。同时训练也更加困难,因为很多时候"正确"答案是什么我们人类也不知道。不过神经网络技术和信息收集方面的技术都在不断完善。当数据库中存储了几百万人的 DNA 信息并且不断扩充时,学习掌握人类可能患上的疾病就成为可能。而当计算机对某段 DNA 发出异常报告时,医生就可以通过进一步检查找到异常的原因。

正如现在的围棋运动一样,人类选手们也在分析阿尔法围棋的下法,希望可以借助这个谷歌项目使人类的围棋水平大幅提高。阿尔法围棋是不是有兴趣应战尚未可知,也许它还在努力学玩《吃豆人》吧。

计划"的目的是通过全世界许多研究中心的合作，描绘出人类大脑中的所有连接。为此，共扫描了1200人的脑并公开了这些数据以供后续研究。目前已经有一些运用了这些数据的研究成果发表，并且期待后续几年会有更多的发现，帮我们更好地理解人类的大脑，同时找出病人相对于健康人大脑中连接错误的地方。

睡上一晚上 [1]

记忆巩固

我经常听到的一个问题就是：睡觉的时候能学习吗？有人可能在小时候上学时曾经把课本放在枕头底下，但是除了硌得头疼也没什么效果。不过事实上我们的脑是不睡觉的。我们睡着的时候虽然无意识，然而脑此时还在继续工作，比如说整理记忆。具体是怎样工作的我们目前还不清楚，但是已知的重要一点是，海马体会在此时被清空。我们说过，海马体在白天努力工作，接收各种新的记忆。与脑的其他部分比起来，海马体只是很小的一块区域。在夜里，记忆会被移送到长时记忆中，好给海马体腾出空间。或者说是筛选信息，毕竟不是所有的记忆都需要长期存储。只是有一点比较郁闷，

---

[1] 此处借用了德国俗语，本意为慢慢考虑，不要着急做决定。

我们睡觉的时候不能自己决定记住什么、忘记什么。

当然，施加点儿影响还是可以做到的。所有重要的事情都会留下更多痕迹从而更容易被记住。此外，还有每天日常流程中多次重复的事情，比如早上学了新单词，一定要在晚上睡觉前复习一下。在睡前这段时间想着的事情是比较新鲜的记忆，更容易巩固。感觉什么东西有意思是我们自己决定的：一天当中经历或学到的新东西、电视剧《犯罪现场调查》（CSI）里的第7241具尸体或许是迪特尔·波伦。

我们睡觉的时候有机会整理记忆，自然是因为夜间的输入信息最少。丘脑的守门人关掉大门，大部分的感官印象都不再得到处理，只有在输入信息超过一定界限值时，我们才会醒来以便做出反应。最近几年人们发现，这道大门其实是有通风口的。很久以前我们就知道，在睡梦中听到自己的名字和其他名称时大脑的反应是不同的。假如有人在你睡觉时轻轻喊"安德烈——娅——"你估计不会醒，除非你名字叫"安德烈娅"或者"安德烈亚斯"。所以如果你想在夜里轻轻地叫醒你的伴侣，最好的办法是叫他/她的名字。而叫"亲爱的——"，只有他/她已经是你"亲爱的"很长时间的情况下，大脑才会把这个爱称当作名字一样来处理。

睡眠中其他的声音介入也可以影响记忆，这是在所谓的"线索研究"（Cueing-studien）中发现的。原理是这样的：在学习过程中，比如记单词时，给测试者每个单词配一个声音，每次重复这个单词的时候都同时播放这个声音。接下来让测试者在某种背景声音的陪伴下入睡，这样使他们对突然出现的轻微声音不那么敏感（避免醒来）。然后，在这个背景声音里加入一部分学习时与单词匹配的声音。等到早上测试者醒来时，他们并不知道夜里听过哪些声音，但是这些播放过对应声音的单词的确被记得更牢。不过这个研究现在还不适用于辅助学习，因为这个效果只有在所记忆内容本身处于一个"相对较弱"的记忆状态下才能显现出来。本身记得好的单词会被巩固，而记得太弱的单词还是会被忘记。此外，这个效应又似乎只是延续了本来就记得好的内容，目前为止还做不到让所有的内容都记忆得更好。

这项观察帮助我们了解了大脑是如何巩固记忆的——重要的一步是重现记忆。我们不久之前在小鼠身上得到了证实，位置细胞在小鼠睡眠时会依照它之前记忆迷宫路线时同样的顺序"放电"。这个放电顺序可以是正序也可以是倒序，并且放电的速度比之前记忆时要快。这种复习过程不仅存在于深度睡眠中，也存在于做梦时的浅睡期，不过它在两种睡眠中起到的作用可能会有所不同。

人类的不同睡眠阶段可以通过脑活动频率区分。这里使用的是脑电图研究方法：把电极贴在头盖上测量脑活动产生的电波。单独脑细胞产生的脉冲信号太小，外部很难测量到。不过因为大的神经网络同步活跃，这些脉冲信号叠加起来就产生了可测量的脑电波。更确切地说，是头盖骨上的电压波动。就像在体育场里，外面的人肯定听不到具体一个球迷的歌声。如果很多球迷一起唱歌或是大声吼，球场外面的人就可以听到了。而且外面的人根据声音节奏和发音方式的变化，可以知道场上情况是紧张、无聊还是刚刚进球了。脑电图的方法就是运用相似的原理。因此观察睡眠时，了解脑电波频率，即一秒钟内电波振动的次数，尤其关键。

利用脑电图方法我们可以测量出脑活动时产生的脑电波。我们在清醒状态下思考或是解决问题时，脑电波频率非常快，可以达到 10 赫兹，即 1 秒钟 10 次电波振动。放松或休息时脑电波频率变慢，大概为 5～8 赫兹。睡眠时脑电波的频率变得更慢，深睡状态下可以降低到每秒 1 赫兹以下。有一个例外的睡眠状态是快速眼动期（Rapid Eye Movement, REM），这是一种我们做梦最频繁的睡眠阶段。叫这个名字是因为我们的眼球在这个状态下会快速转动。在这个状态下，脑活动也明显变快。

在睡梦中我们的记忆功能是有意识地工作的。很多梦境元素从不同的记忆中取材，这与潜意识的信息其实关系不大。如果你今天坐过火车，那会梦到火车相关事情的概率就很高。这样看来，梦与人的性格和经历大有关系，不过解梦什么的确实没什么科学根据，单是看解梦给出的多种不同意义就能看出来。搜索一下"梦到火车"，能找到例如"表示着急（因为火车很快)"，"表示很踏实（因为火车是在地上跑的）"，还有"表示乐于交际（因为火车上坐很多人）"。这么多种演绎解释还没有新年时候烧铅靠谱[1]。反过来说，这种把不同时间点和不同经历元素组合在一起的现象，对记忆来说应该有着特别的作用，不过目前还无法证实。过去人们猜测梦境睡眠阶段对记忆的巩固有着重要作用，这一点在心理学上也有类似的推测。

今天在记忆巩固这个研究角度上，至少对于外显记忆来说，一般认为深度睡眠在发挥作用。人们发现在深度睡眠阶段偶尔也会有梦境出现，但更有趣的是：在不同的研究中都显示，对于陈述性记忆来说，梦境睡眠可能并不重要。因为在没有梦境的短睡眠中，同样完成了巩固过程。而从脑发出的信号也能看出异常。在深度睡眠时，又长又慢的脑电波里会时不时出现又短又快的波，它在丘脑和大脑皮层中产生，研究者根据它的形状把它在脑电图中称作"纺锤波"。

相对地，此时在内部的海马体中可以观测到所谓的"尖波涟漪"，这种波更快，持续时间只有大约 100 毫秒。也是在很久以前，人们就知道它同记忆巩固相关。因为如果人为压制这个频率，记忆巩固就无法完成。人们还发现，这种波动

---

[1] 德国新年时的一种传统"迷信活动"：把小铅块放在勺子里，在蜡烛上加热熔化，之后滴到盛有冷水的碗中，通过铅液凝固的形状预测新一年的运势。

会与神经元的反复激活现象同时出现。这两件完全不同的事情是如何建立联系的,我们目前还不是很清楚。一种通行的理论解释说,海马体通过波动向大脑皮层发送信号,通知那边哪些信息需要巩固。这些信号影响大脑的慢波,导致新鲜记忆的重复,也就是相关神经细胞的放电。通过这种重复,神经元之间的突触建立连接,从而形成长时记忆。而"纺锤波"是促使脑同步活跃的信号,它与尖波涟漪在海马体中交织,同时自身也受到慢波的影响。

现在听起来好像有点儿复杂——确实很复杂。如果睡眠研究人员什么时候把这事弄得更明白了,可能我才好说得更清楚一点儿。不过有个大致的类比:我们有一个繁忙的储存间(海马体)用来临时存放每天新接收来的记忆,现在需要把一个记忆从这里的架子上拿下来,并通知终端仓库(有条不紊运行的大脑皮层)腾出位置来。当这项新记忆被送到,终端仓库会在短时间内进行多项工作,记忆被重新审视然后归纳整理。在这段时间,仓库无暇顾及新信息的接收,直到全部工作完成后反馈信息:"现在又可以继续送货进来了。"

这套信号循环的意义可能在于,把有用的记忆保存下来,也就是加固有用的突触,不那么有用的则去掉。后者也是极其重要的一步,因为维持所有的突触对大脑来说会是巨大的能量浪费和消耗。能量是很贵的,每个交过暖气费的人都知道。而且大脑的存储空间可能不知道什么时候就用完了,所以高效地使用突触很有必要。根据突触稳态假说，睡眠的功能也包括减少突触的数量和工作强度。白天，我们一直保持接收信息的状态，许多突触得以建立。有些因为重复出现或者与其他记忆的关联性更好而强度更高，有些可能只是偶然出现或者意义不大而较弱。根据该假说，在睡眠时，所有这些新的突触会被无差别地降低强度，较弱的会因此消失，而强度高的才能得以保留。

不过从上文提到的对各个脑区信息交换的观察来看，记忆似乎并不是这样被无差别处理的。从海马体通过信号循环系统传送到大脑皮层的信息事实上被加强了。一种假设是说，大脑在深度睡眠时传输信息。这个过程发生在夜间，确切讲是在前半夜。此时海马体被清空，这样到第二天我们又有接收信息的全新空间。海马体就像家里的半大孩子，脏衣服扔到洗衣筐里，盘子送厨房，书本文具塞抽屉里然后说："还要怎样？我房间都收拾干净了啊。"

而梦境睡眠期一般是在后半夜，尤其醒来前的一个小时，才是真正的"收拾整理"记忆的阶段。同时梦境睡眠期对某些其他记忆类型也很重要，例如巩固程序性记忆或者情感因素在记忆中发挥较大作用的时候。这两种记忆过程都不需要海马体太多参与。此外，除了各种认知过程，身体中各种激素和其他物质也在睡眠中剧烈波动，它们的水平和周期对大脑健康非常重要。如果你刚谈了恋爱，高兴得夜不能寐，白天晕乎乎的什么也干不好，感觉好像因为恋爱血液中充满了爱情激素——其实可能只是单纯地缺觉。

为了记忆，好好睡觉

我们应该怎样睡觉才能让记忆力变得更好？每天下午背单词的时候拿个香薰瓶放旁边，然后睡觉的时候也摆上？这样当然是有一点点作用。不过这点儿效果只是普遍意义上的，而且很不明显。也许我们可以发明一种机器，把每个单词对应上一种声音，然后在睡觉时播放出来帮助记忆。不过目前为止这个想法还停留在实验阶段，因为我们被这些声音影响睡眠的危害更大——这就比较愁人了，睡不好觉绝对不是好事。喝酒也是一样，酒精会影响睡眠，进而影响记忆的巩固。长期睡眠不足会打乱睡眠的正常节奏，而睡眠过程中的各个阶段都对记忆有着不同的作用。某些帮助睡眠的药物可以改善某一阶段的睡眠状况，但同时也会改变或影响其他阶段以及健康的睡眠过程。所以最好的建议其实非常简单：就是睡够，睡好。

对每个具体的人来说，睡多少算好很难说清。成年人的足量睡眠时长根据个体差异大概在 5～9 个小时。而且睡眠时间段也有不同的"时间型"：有的人属于早睡的"百灵鸟型"，晚上 9 点睡早上 5 点醒；有人属于"猫头鹰型"，夜里 1 点睡早上 9 点醒。猫头鹰型的人晚上 9 点开始睡，即使也睡同样的时间，睡眠效果却会差很多。你可以自我观察一下：休假的时候，如果什么事也没有，你会选择大概什么时间去睡觉？这基本上是一个判断类型的依据。如果一到周末就起床很晚，说明你平时是没有睡够量的。

每个人的睡眠节奏还随着年纪增长而变化。小孩和老人起床比较早，青少年则是早上7点半还想赖着不起床。政府部门和一些老师简单地规定要早起学习其实有害健康。在中高年级的时候，让学生们从大概第三节课而不是第一节课开始学习更加科学，可惜很多地方的政客觉得校车时间表比学习效果更重要。

如果谁感觉自己不是偶尔而是持续地睡眠不好，必须去好好检查一下，因为睡眠实在是太重要了。去睡眠实验室做检查可以诊断出你的睡眠状况是否真的有问题。如果你的问题在于旁边动静太大，那就叫你的枕边人去睡眠实验室做检查。这不只是为自己着想，而是因为睡觉时打鼾声音太大其实是一种睡眠呼吸障碍的迹象，而睡眠中如果出现短暂的呼吸停滞是非常危险的。对你来说，能从此安安静静地睡觉当然更好了。

一生一世

随着年龄的增长，我们的睡眠行为会发生改变：深度睡眠的时间会逐渐变短。与此同时，即使没有生病的情况下，也会出现记忆力变差、脑细胞减少的现象。不过我们还并不清楚深度睡眠减少、大脑皮层中神经细胞减少和记忆力变差之间的具体关系。正如大家在数学课上学过的：相关性并不一定意味着因果关系。当有些现象一起出现时，并不一定是一件事决定或引发了另一件。冬天的时候生病的人多，冬天的时候我们能在街上看见雪人，但是不能因此说，我们看见了雪人所以容易生病。类似的错误推论在很多不那么明显的例子中却很容易骗到我们。比较神奇的说法比如鹳鸟[1]的数量跟全德国的婴儿出生数有关。或者比较危险的说法：电脑游戏会使人变成校园杀手。因为大部分年轻的男性凶手都在玩电脑游戏——总要看看是不是差不多所有的男性青少年电脑里都有游戏吧 [1]。在大脑研究中也是同样，对于观察到的一些同时出现的现象，我们不能轻易下结论说这是一种巧合还是真的有内在联系。总之，我们的脑和记忆在一生中一直在不停地改变着。

出生前

我们现在不讲"蜜蜂和小花"[2]或者"亚当（Adam）和夏

---

1 西方民间把鹳鸟看作送子鸟。
2 德国家长回答儿童小孩子从哪里来的问题时所讲的故事。

娃（Eva）"，对受精和怀孕的事情不太懂的，可以去网上自行搜索。保证你想知道的都能找到。而且还有很多实用教程视频（我听别人说的）。

不过，看一下到底从什么时候我们的脑开始如其所是地运行和学习还是很有意思的。在第6孕周，也就是差不多受精后第3周的时候，神经细胞会开始发育。在受精后4~6周，三个泡状组织开始形成，它们将会在之后发育成脑干和间脑部分。接下来的数周里，越来越多的神经细胞分裂出来，并且移动到它们所属的地方去。在第18孕周的时候，大脑皮层的皱褶结构就已经显现出来了。每个神经元到达指定位置后就开始与其他神经细胞联网，这样到第30孕周的时候，大脑已经开始有听和嗅的反应能力，再过一段时间之后，视觉也有了。

婴儿在出生之前就有梦境睡眠和短时记忆，他们可以记住父母的声音以及周围其他的声响。如果谁家里是多语言环境，那你一定是带着多语言储备的大脑来到世间的。"真好！这么说就可以让胎儿学单词和算数了。"这想法听起来挺搞笑的，不过美国人在20世纪80年代就想到了这个，并且发明了一个胎儿学习系统，主要是依靠一个放在肚子上的扬声器（名叫Pregaphone）。如今市面上也有很多类似的产品，不过从大脑研究的角度来说，这些东西的效果都有待商榷。在肚子上搞80分贝的音量实在是太大声了，胎儿的大脑根本没法处理。在这一阶段，胎儿每天睡眠时间在20小时以上，因此更可能的结果是打扰胎儿的睡眠，而睡眠是非常重要的。虽然胎教提高班的想法很美丽，但是学这些基础课程之前，小爱因斯坦（Einstein）总得先学会呼吸和消化。

新生儿在出生时拥有的神经细胞数量与成年人脑中的数量是一样的。这个小小的脑已经学过非常多的东西，绝对不应该被比作一张白纸。虽然此时神经细胞还没有全部发育完全，但是大脑皮层中所有的功能都已经具备。在此后的人生中只有很少一部分脑区中还会有新的神经细胞出现。不过婴儿时期大脑中的连接相对而言则非常少。脑结构还没有完全发育好，在接下来的年月里，脑还会飞速地发展。

童　年

人类大脑中连接的数量在出生后开始迅速增加。大脑在开动全力地发育和学习。到2岁的时候，儿童大脑中的突触数量达到成年人一样的水平，到3岁时变成双倍。是的，你没看错，确实在这个阶段大脑中突触的数目是超量的，这些突触会在整个儿童和青少年时期不断消减。小朋友的大脑学习超大量的信息，之后才慢慢开始学会通过条理和结构更加有效率地运用大脑。我们最初如饥似渴地接收信息，这使我们拥有更大的灵活度。比如石器时代的婴儿和今天的婴儿比起来，尽管基因上来说基本是一样的，但是由于胎儿时期接触的食物和声音不同，他们在出生时，脑就会与今天的婴儿有些许区别。脑在出生后通过最大限度地接收外部信息来适应接下来的生活环境。假如让一个石器时代的小朋友穿越到现代，他的大脑里会有很多不同的连接，没办法正常跟上现代小朋友的思路。反之，现在的"iPad宝宝"如果回到石器时代，很可能直接就跑到剑齿虎的嘴里了。当然，因为目前还没有人穿越成功过，所以我的说法也没办法证实。

然而我们可以从不同文化的语言角度来看。每个婴儿都可以学会世界上任何一种语言——事实上我们德国人出生时的确也有可以完美学会汉语的神经突触，但因为不用这些突触，过一段时间它们就消失了。因此小婴儿可以同时学会两种或者更多的语言。但是到了上学的年纪之后，这些连接渐渐固定到母语（可以有几种）上，语言学习能力也随之下降。年龄越大，学习新的语言就要花费越多的精力。一个中国父母所生的小孩如果在德语环境的家庭中长大，等成年之后再去学习自己父母的语言文字，其难度跟一个在欧洲血统德语家庭环境长大的人是一样的。因为他的大脑也只保留了说德语的突触，而舍弃了中文的。笼统来讲，在这一时期，脑的开发对发育至关重要。活跃的环境、挑战与开发都有正面意义。但如果因此得出结论，觉得成年人就不要再学外语了或者童年时条件有限感觉错过了学习时机，也是不对的。条件可以改善，但我们必须首先开始利用机会。即使是母语，如果一直不用的话也会慢慢退化。而因为上了早教在刚入学时课业过于顺利的孩子，也可能同时失去养成认真努力学习习惯的时机，长期来看，好的学习习惯是非常重要的。

到大概 2 岁左右，大脑会有另一次重要的发育：辅助细胞开始用一层髓鞘质（myelin）包裹神经通道。神经通道的包裹是有空隙的，并没有像包电线那种保护层一样严密。这样的结构实现了信息传输速度大幅提高，也因此，这一阶段大脑的重量明显增加。它在功能上的作用是增加记忆时长，小朋友开始可以把一些事情记住好多天。但是要到 3~4 岁时，儿童才能发展出真正的长时记忆。

想一下你最久远的记忆是什么？大多数人想到的应该是 4 岁左右的事情。你确定还记得更早之前的事情吗？不妨用"内眼"再回看一遍当时的场景。你看到的场景是第一视角还是自己也在场景中？如果是后者，那一般来说这并不是真正的早期记忆，而是后来父母讲给你听的事情或者你从照片里看到的。一直到 10 岁之前，儿童的记忆与成人比起来都算很少的。

到 5 岁左右时，脑 90% 发育完成，达到跟成人差不多的重量和大小。只有额叶和大脑皮层的后面部分还需要稍微继续发育，那里是负责语言能力和空间想象的部分。接下来的童年岁月里，突触数量将持续缓慢地减少。当然，也不断有新的突触生成，只不过减少的数量略大于新增的。由于现有的突触被固定下来，髓鞘质不断生成，因此脑的重量基本保持稳定。

青春期

进入青春期的时候，大脑发育已经基本完成。此时脑中最大的工地位于额叶。还记得前面说过的菲尼亚斯·盖奇吗？额叶是负责理智和社会行为的重要区域。当身体突然进入青春期，激素水平出现剧烈变化，边缘系统发育完成。额叶虽然已经长到成人大小，但是与其他脑区的连接尚未建立完毕。这个时期的孩子已经开始从父母那里独立出来，很多事情需要自己做出判断。然而他们自身的控制机制还没有发育完善，体内激素环境的改变使他们的情绪起伏格外大，容易激动也容易消沉，额叶里充满了越来越多关于自身的想法。他们非常在意同龄人对自己的看法，但同时还没有能力把握自身行为对其他人带来的影响。所以每个成年人不用想就知道是很蠢的事情，青少年脑中的控制机制会不太确定地报告"应该可以这么做"。

在这个成熟最晚的脑区发育完成的阶段，脑的学习能力仍然很强，因此也导致了青少年更容易出现上瘾症和心理问题。青少年的脑学得很快，而依赖性其实也是一种学习行为，因此酒精或者毒品在青少年时期对人的影响格外严重。如果要问"为什么人类成长中要有这么一个危险时期"，这很难回答。

从演化史来看，额叶是脑演化的最新成就，因此它还需要时间来完善。不过大部分人可以顺利度过青春期，飞速掌握成人生活必备的东西。如果青春期时脑已经发育完备显然也不是很好，毕竟我们需要在这一时期体验许多全新的经历，以及在几个月到几年的时间里学习独立自主。就像三四岁的小朋友语言接受能力最强、学语言最快最容易一样，青春期是社会性互动行为和认知发展最快的阶段，多次的尝试使脑输入多样化的信息。女性额叶真正的发育结束是在20岁，男性稍晚。唉，之后就是衰退期了。

成 年

好吧，现在说起来就开始有点儿扎心了。尽管发育结束跟改变结束不是一回事，脑在成年之后还是保持很强的改变和学习能力，但我们还是能够确定，成年后大脑一些功能就开始减退了。身体其他部分也是一样，大部分专业运动员的成绩巅峰是在二十几岁。虽然也有一些特例，但是即使没有伤病的影响，足球顶级联赛里也很少见到34岁以上的球员。2015到2016赛季开始时，全德甲这个年纪的球员只有16名，其中8名是守门员。不过其他注重经验和准确度的运动项目中，年纪大的冠军明显更多，比如高尔夫球、飞镖，还有斯诺克台球。这样看来，认知的巅峰时期要来得更晚一些。在国际象棋界，40岁以上还能保持世界顶尖成绩也是可以做到的，比如曾经的印度选手维斯瓦纳坦·阿南德（Viswanathan Anand）——不过他在2013年把世界第一的位置让给了当时

22岁的挪威年轻选手芒努斯·卡尔森（Magnus Carlsen）。

  脑力运动涉及不同的脑力种类，因此情况也各有不同。如今从事电竞已经可以年入百万，不过大多数选手都在二十出头的年纪就退役了。这其中的原因一方面在于无数新游戏不断涌现，另一方面可能是觉得每天在屏幕前坐10个小时以上也不是特别有意思。而在亚洲人气非常高、很多专业选手参加的围棋比赛中——我们曾经在讲神经网络的时候讲过一次——很多世界级的选手在青少年时期就已经是专业棋手，基本到30岁左右退役。与国际象棋需要记住很多套路不同，记忆运动2007年的世界冠军是47岁的金特·卡斯滕（Gunther Karsten）；占据记忆运动排行榜榜首多年的约翰内斯·马洛（Johannes Mallow）在2016年35岁时依然保持着第一的位置。当然，近几年他倒是也常常败给二十出头的新选手。

  这个问题在科学界也常常被拿来研究。2015年哈茨霍恩（Hartshorne）和赫米纳恩（Germine）发表的一项综合研究中，有将近50,000人参加了一系列认知测试。结果是：在快速处理信息或者短时记忆中快速记住许多一闪而过的物品题目中，成绩最好的人群为20岁出头甚至更小。而其他短时记忆项目，比如数字复述题（听人读一串数字，然后按要求的位数或顺序复述数字）与其他长时记忆题目一样，成绩巅峰年龄在30岁。这个年纪的视觉题目成绩也是最好的。经典的智商（IQ）测试是综合前面提到的几种题型设计题目，因此总体下来，智商测试成绩巅峰年龄在 20 岁出头到 25 岁之间。

IQ 测试本身是以年龄为标准的。一个人的智商是基本保持不变的。谁的 IQ 值正好 100 分，那你差不多正好是平均水平。不过这不是所有测过智商的人的平均值，而是同一个年龄组的平均值。这种测试的成绩峰值结果与我们对大脑的观察也是相符的：观察各个年龄组很多人的海马体平均值时，可以发现大约在 30 岁以后，海马体会慢慢出现萎缩现象。

这么说 30 岁以后脑子就越来越差了吗？绝对不是这样。语义记忆的题目，词汇或者常识类甚至算术题，成绩峰值是在 50 岁以后。尤其是掌握词汇的能力，感觉根本不会随着年龄增长而退步。只要我们的记忆力保持正常健康的状态，词汇能力就只会逐渐提高。还有在情绪辨别的题目中（根据给出的眼睛部分照片辨别其中的情绪状态），50 岁之后的成绩也会越来越好。记忆成绩巅峰的时间点并不是决定大脑能力最重要的因素，比如在记忆处理功能上虽然二十几岁时最好，但是它衰退的速度其实非常缓慢，所以到 60 岁的时候也并没有差多少。

不过关于处理信息速度的相关题目中，随着年纪增长带来的衰退还是明显可以看出来的。研究人员在实际测试中把人按照职业分了类：比如领航员的适合年龄就很有限。这一行业的人必须在很年轻时完成培训，并且在认知方面的能力要非常高。而如果在 30 岁才开始加入这一行，确实很难达到培训内容的要求。在反应速度方面的测试题目中，接受过训练的领航员里比较年轻的人成绩都遥遥领先：比如紧急情况，或是同时记住屏幕上出现的许多物品。不过在实际工作的情景中，年纪的差别就没有这么明显了。年纪大的人可以运用他们的经验，提前预测可能发生的危机情况，而且在把屏幕上的二维平面图想象成真实的三维场景这一点上，资深的领航员有着更好的方向感。其他一些常见职业也是同样：年纪大的老师或许不能很快记住班里学生的名字，但是他们有更丰富的经验。这个经验不是说包里还装着10年前的资料，而是他们一眼就能看出来班里谁可能会调皮捣蛋，谁需要关心一下，哪个地方学生可能会听不懂。年纪大的医生接急诊的时候，可能需要比年轻医生多花一点儿时间知道都有哪些患者在等，但是他们可以更快地看出谁的病情真正需要紧急处理，谁只是星期日晚上突然觉得"感冒也有一段时间了，不如去医院看看"。在概述研究中我们同样可以发现，年轻和年长的员工在工作能力上几乎是差不多的。

老　年

换句话说，我们讲到"记忆力会随着年纪增长越来越差"时应该把话说清楚点儿，有些方面其实是越来越好的。很多人明显能感觉到的衰退其实是学习的速度。但是这种衰退的速度也非常缓慢。如果让一个大学生在几分钟内按正确的顺序背单词可以背 25 个，老年人用同样的时间可能只能背 15 个。不过通过记忆训练，他们可以很快达到 30 个，轻松秒杀年轻大学生。如果加入更多训练，他们甚至可以完成更多。因为记忆是通过脑中的关联实现的，而老年人的经验和知识让他们有更多的内容可以做关联。经验宝藏确实是这样一种存在，而且可以让大脑有多种不同的连接方式。记忆毫无关联的信息时，最重要的海马体随着年龄增大变得越来越差是没错，不过有强大知识网络的年长者可以把这些信息直接写到长时记忆中，这样就一点儿也不感觉悲剧了。

当然，哈茨霍恩和赫米纳恩的这项研究也发现，60 岁之后许多项成绩曲线会急速地下降。但这一点也并不是绝对的。科学家最后还研究了"超级老年"，这些人衰老速度很慢，身体到 80 岁或是 90 岁时还能保持普通人 50 岁的状态。他们的记忆力和思维能力也是同样。如果我们大家都是超级老年人会怎样？"那就规定 90 岁退休！"我都能想象到朔伊布勒[1]（Schäuble）先生高兴的样子。朔伊布勒先生已经 70 多岁了还在当财政部长，这已经证明了他的记忆没有明显衰退的迹象——当然，常常把之前说过的话当成没说过一样，这种一般的"政客失忆症"不算。

---

[1] 指德国财政部前部长沃尔夫冈·朔伊布勒（Wolfgang Schäuble），主张将退休年龄推迟至 70 岁。

年纪大了之后记忆力会变差,快速记忆玩不过小朋友,但是词汇量会更多,所以拼字游戏中爷爷常常大获全胜

可惜不是每个人都是天生的超级老人,研究发现,这似乎跟基因有关。这些研究同时也发现,从生物学上来讲,确实可以使记忆力保持长期年轻的状态。但也存在目前医学手段还无法治愈的记忆力迅速丧失的疾病,最主要的就是阿尔茨海默病。

我们中的大多数人在六七十岁之后身体还能保持健康状态，但记忆力确实有减退的感觉。当然，只是在某些方面：词汇上完全没有问题，少部分体现在信息处理记忆，更多是在情景记忆上。接收新的情景记忆变得困难，而已有的情景记忆常常丢失信息来源，也就是想不起这个回忆是从何时何地来的。此外，还有最短期的记忆形式——瞬时记忆，也会在年纪大的时候逐渐衰退。

相应的器质性变化我们可以在大脑中看到。大脑灰质，主要是海马体和额叶中，神经细胞数量都在减少，30～80岁大概平均会减少10%以上[2]。更主要的是大脑白质，也就是神经细胞之间的连接，也在减少，特别是在额叶区。还有神经递质，也就是负责信号传导，因此对学习很重要的信使物质也在变少。比如乙酰胆碱在我们年纪大了之后会减少合成量，其他物质的缺乏当然也是很重要的原因。如果你发现奶奶对读过的东西记得很清楚，但是听过的事情不太记得住，还是首先去联系配助听器的医师，而不是记忆力减退症专家。当然，任何时候感觉记忆问题影响到生活了，都要去找专业人士咨询。

那么到底是什么东西在决定哪些人在年纪大时还能有很好的记忆力？关于这个问题也有很多的相关研究，不过大多没有一个明确的结论。对于很多研究者来说，选这个研究课题很不划算。因为如果20多岁读博士的时候开始献身于这项研究，作为研究起点测量青少年的记忆力，那么第二次数据测量的时候，他很可能早就退休了。虽说好多人读博读了很多年，但是要读这么长时间的话还是没人愿意的。

但有时候偶然事件会给我们带来惊喜。20世纪90年代末的时候，苏格兰的一些研究者偶然在地下室发现了一些来自1932年和1947年的数千份当年11岁孩子的智商测试资料。这是一个很大的研究项目，用来调查这两个年度孩子的智商水平。我在读博的时候也可以到我们系的档案室去，虽然没有同样的发现，但是可以证明苏格兰这个事是可信的。不管怎样吧，接下来这些苏格兰学者就开始寻找当年参加测试的11岁小孩，其中大部分有迹可循。然后研究人员发现，童年时的智商水平与成年后的存活状况是有关联的。聪明的孩子有明显更大的概率可以活得更久[3]。

这当然有多方面的因素：一般来说，他们中吸烟和喝酒的人更少[4]，这对长寿很有帮助。职业上他们更多会成为工程师而不是技术工人。虽然有被同事排挤的可能，但是办公室里发生致命危险事件的概率比在流水线上低多了。下一步研究就是请这些当年的测试者在77岁的年纪再测试一次智商。很多人都经历了好一番劝说才同意参加，因为不是每个人都愿意证明自己11岁的时候比现在聪明。不过还是有一百多位愿意配合的人。结果显示，老年人里高智商的人正是那些童年时就聪明的人。聪明的孩子将来有更大的概率成为聪明的老年人。所以锻炼自己的记忆力有没有意义？当然有啊。

关于哪些因素有助于或者影响年老时的记忆力，有很多不同的研究。这其中大部分研究是基于问卷调查。一般是找很多名60岁的人询问他们的生活状况，然后在10年、20年或更久之后跟踪调查，看哪些人还健在，以及他们的记忆状态如何。这种方法叫作队列研究，不过结果却不是十分明确。因此人们又运用了综述研究的方法，这种方法是评估、汇总很多单项研究的结果。近来，这样的综述研究也有很多，多到2010年的时候，有美国的研究者对这些综述研究做了个综述。他们的结论是：只有很少的因素可以证明对年老时的记忆力有负面影响，而有正面影响的因素只有两个。有负面影响的有吸烟、喝酒、糖尿病（常常是超重引起的）、抑郁以及某个基因。这让人有点儿怀疑，是不是真的有必要通过综述研究的综述才能得出这个结论。

不过我们现在至少有了个清楚的证据，也更有动力保持身体健康。说到底脑也是身体的一部分，所以没道理对身体其他部位好的事对脑不好。当然，年纪变大确实是一个风险因素。如果无论如何不想得阿尔茨海默病，除非早早就死掉。不过这听起来也不是什么正确的解决方法。所以我们还是看看有利于保持记忆健康的两个因素：精神方面的活动和体力方面的活动。

所有的这些研究都没有证明银杏叶或是维生素片有用。

老年人喜欢的民歌节目之前播放的各种广告，什么因为吃了某种保健品终于可以记住名字或者别的事了，基本都是安慰剂或是参演者本来就是很健康的演员。还有一些是其他因素在起作用：比较明显的是网球、登山或是高尔夫球运动。这当然让人感觉很有用了，因为常活动身体对思维能力本来就很有帮助。

多做脑力活动也有一样的效果。锻炼记忆力算是一种方法，但是也有其他的脑力活动可以保持头脑活力。坚持学习一种语言、乐器，或者跟孙辈一起玩图片配对游戏都可以。还有，高学历或者从事学术工作的人记忆力减退也比较晚。有一个叫"认知储备"的模型可以解释这种现象。这里说的不是别的水箱都放空了之后还可以再撑一阵子的水箱，而是指脑在记忆力衰退一段时间内的代偿功能。我们自己在记忆东西的时候也会发现：脑子里相关联的信息很多的时候，少了一个其实没有那么要紧。另外，虽然在综述研究中没有定论，但是在一些其他的研究中发现，更多的社会交往也有正面效果。孤独很糟糕，时常跟家人、朋友在一起，有一个生活伴侣是最好的。当然，以上这些也只是普遍的结论，并不是所有人都适用。赫尔穆特·施密特（Helmut Schmidt）[1]烟不离手，活到九十多岁仍然头脑清楚，其他人饮食健康、保持运动，却还是先走了。

---

[1] 赫尔穆特·施密特（1918—2015），德国社会民主党政治家，联邦德国前总理，是第一位访问中国的德国总理。

生病的大脑

记忆力减退症和阿尔茨海默病

DAK 保险公司[1]会定期做大范围问卷调查，题目是德国人最担心患上的疾病。就整体人口来说，最大的担心是癌症。阿尔茨海默病／记忆力减退症紧随其后，排在第二位。在60岁以上的人群中，这个顺序甚至是反过来的。没有任何一种其他的疾病能让德国老人如此害怕。而媒体上整天出现的夸张事件和吓人标题也跟着起哄："记忆力减退症——嘀嗒作响的定时炸弹"，"阿尔茨海默病患者大增"。哪怕是"阿尔茨海默病未必是灾难"这样的标题，我们也只会留下"阿尔茨海默病！灾难！"这个印象。蒂尔·施威格（Till Schweiger）的《脑中蜜》（Honig im Kopf）[2]在很多人心里被归为恐怖类电影。

就在近几年，德国《明星》（Stern）、《明镜》（Spiegel）、《焦点周刊》（Focus）等几大杂志都差不多定期把记忆力减退症当封面文章。或许主编们知道，他们的大部分读者正是这种文章的受众。谁有朋友、熟人或是父母得了阿尔茨海默病，肯定希望知道自己如何预防。之前提到的保健品就是靠人们

---

[1] 德国医疗保险公司。
[2] 蒂尔·施威格在2014年自导自演的一部阿尔茨海默病题材电影。

这种恐惧心理来赚钱，毕竟，患阿尔茨海默病的人确实是越来越多了。传染肯定是不存在的，因为从百比分来说，整个欧洲患病的人跟从前比起来是变少了的。

我听到你说："慢点儿，这两句话矛盾啊。"很简单，因为如今70岁以上的人活得跟几十年前比起来明显健康精神多了，患记忆力减退症的比例也减少了。只是与此同时，70岁以上的人口增多了。根据德国阿尔茨海默病协会（Deutscher Alzheimer Gesellschaft）的数据，大概15%的阿尔茨海默病患者在80～84岁患病。德国这个年龄段的人大约有200万，到2050年预计会增加到500万。单是这个年龄段的记忆力减退症患者就会从今天的30万增加到75万。但是对这个年龄的单独个体来说，大概1/7的患病概率是没有变的（趋势上来看其实是略有下降）。之前的人只是寿命短，还没有活到阿尔茨海默病的发病期就已经去世了。虽然听起来有点儿矛盾：从这个角度来看，大幅增长的阿尔茨海默病患者数其实是个好信号，这说明我们能活的岁数越来越大了！如果有人说："得扭转这个趋势啊！"希望他的意思是指这个病而不是年纪大的患者数。

阿尔茨海默病是记忆力减退症的一种，只是它比较常见。在德国，70～74岁的人群患病率大概在3.5%，75～79岁人群患病率就已经升高到7.3%，80～84岁是15%，85～89岁大概是25%，90岁以上会有40%，就是差不多快一半了。

这里出现一个问题，就是阿尔茨海默病本身并不是确切的诊断，有些记忆力减退症是由某种确切的原因引起的，并且可以治愈，但阿尔茨海默病则不能。这就导致有些人会提出"阿尔茨海默谎言"，或者说这是"发明出来的病"。

这当然是瞎扯。首先记忆功能显著下降和病程发展的不可阻挡甚至难以减缓的情况都显示，这个问题是真实存在的。很确定的是，现在不同形式的记忆力减退症都归到一个名称下。可惜还是有一些本来可以治愈的记忆力减退症被误诊成阿尔茨海默病。每个患者情况不同，记忆力减退也有不同的原因。如果谁是患者家属，对诊断有疑问的话就应该另找医生再次问诊，但是阿尔茨海默病和记忆力减退症的确存在。

从某种程度上来说，大脑本身也是造成一部分误诊的原因。阿尔茨海默病有两个基本特征，一是脑细胞中出现受损的蛋白纤维。这些纤维由 Tau 蛋白（Tau Protein）组成，它在正常状态下呈线状，负责神经细胞的稳定性，患病状态下则失去支撑功能并且常常缠结。另一特征是所有患者的大脑中都有所谓的"斑块"。它是一种蛋白质沉积，我们每个人脑中都会产生这种蛋白质，但正常情况下它们会被分解，而在阿尔茨海默病患者身上，这个分解蛋白的功能不灵了。

一种观点认为，这种淤积造成了脑细胞无法正常联络而最终坏死。在出现记忆力减退早期症状的年长患者身上就已经可以用正电子发射断层显像检查出斑块。并且我们确实可以证实脑中"斑块"与之后患上阿尔茨海默病的可能性有关系。麻烦在于，就已经患病的老人本身而言，斑块的数量与患病程度却没有联系。而且在另外一些去世的老年人脑中也发现了这种斑块，而他们生前从没有过记忆力减退的诊断。

或许这些老人也患上了阿尔茨海默病，只是没有人知道。不过关于脑中斑块与阿尔茨海默病关系的诸多研究中，有一项"修女研究"值得我们了解一下。这又是一个幸运的意外。1986年，一个美国的修会经600多位超过75岁的修女同意，为了一项记忆研究，在之后的生活中间或测试她们的记忆力并且在其去世后捐献大脑。修女们生活的社会环境和日常活动相似，而且没有毒品或是性接触的因素影响——嗯，或者说非常微小范围的影响。这项研究的确证实了几点发现：修女们的精神活动影响着患阿尔茨海默病的概率。单是根据50年前这些修女写出的文章的复杂程度，也可以推测出其患阿尔茨海默病风险的高低。那些后来患了阿尔茨海默病的修女，在她们的大脑中不出所料地找到了斑块，可见脑中的淤积和记忆力减退症状的确有关系。不过也有一些例外，有些到很大年纪记忆力仍然毫无减退症状的修女，大脑中竟然也有阿尔茨海默病的典型淤积。

那要怎么解释她们为何没有患病呢？这里又涉及认知储备了。就和我们着凉的时候吃药可以缓解头疼但是并不治本一样。不过反正感冒两个星期之后自己就会好，所以我们也无所谓。丰富的认知储备虽然不能防止脑中的病变，却可以像药片一样起到缓解记忆力减退的作用，因为大脑可以借此绕过已经损坏的脑细胞连接。当有一些连接阻断时，还有其他的替代通道。原理是否真是如此至今还没有被证明，不过从教育水平高的老年人身上可以明显看出，他们的患病时间更晚，但是患病之后病程发展得更快。

这项研究还有另外一个发现，有些修女的大脑中除了斑块还有之前根本没有察觉的轻微脑卒中（中风）迹象，这些人出现记忆问题的概率远远高于只有斑块或是只有脑卒中迹象的修女。斑块会通过不易察觉的轻微脑卒中彻底引发记忆力减退症状。由此我们也可以知道，之前提到的记忆力减退风险因素同样也是脑卒中的风险因素。

失忆症

"失忆症"的概念包含了多种记忆障碍。很多人都清楚"失忆症"和"记忆力减退"是两种不同的东西。但我在上课或者对不是心理学系的学生做问卷调查时，发现在这个问题上还是存在不少误解。很多人以为"失忆症"就是头被狠敲了一下，然后之前的所有或者一部分记忆就不见了。我也常常听人说，"失忆症"是暂时的。但两种说法都不完全对。即使是整个海马体被摘除的 HM 先生，患的也是"失忆症"而不是记忆力减退症。

正确的说法是：记忆力减退是一种持续性的大脑病症，它影响的除了记忆力还包括其他大脑功能，至少对各个记忆系统都有长期影响。德语中的"记忆力减退"（Demenz）源自拉丁语，意思是"减少的理解力"，而"失忆症"（Amnesia）源自希腊语，意思是"没有记忆"。从这个角度来说，失忆症算是记忆力减退的一种症状，只是在失忆时我们一般不再用"记忆减退"这个词。准确地说，失忆有一个确切的触发原因。它与记忆力减退不同，纯粹失忆症对短时记忆并没有影响。估计你肯定也有过暂时的失忆，比如某次酒喝多了断片儿。

乍看起来跟所谓的短暂性全面性遗忘症很像，经历过的人可能体会更深。喝酒断片儿还可能想着："以后再也不喝了。"虽然一般坚持不了多久。但是真正的短暂性全面性遗忘症要吓人得多，因为它似乎无缘无故地就来了，持续时间通常从一个小时到一天。发病者变得很蒙，会一直问自己在哪里、自己是谁。短暂性全面性遗忘症的原因似乎是海马体的血液循环障碍，患者的程序性记忆和短时记忆都没有受损，记忆障碍最后会很快消退，只是这期间留下一块记忆空白。其实也不必特别担心，还没有迹象显示或是证明一次偶然的失忆与将来的记忆问题、记忆力减退和脑血液循环障碍有必然关系。当然，如果发生这种情况，还是建议去医院做一下全面的检查。

大家印象里最深的一般是逆行性遗忘，就是在电影和小说里经常出现的失忆桥段。它是指在创伤性事件之后，对这一事件之前一段时间内的事情回忆不起来。比如车祸之后回忆不起来车祸过程以及当天的事情。相反，如果记忆空白出现在"打击"之后，则被称为"顺行性遗忘"。这种导致丧失意识的大脑创伤常常伴随脑震荡，它与"顺行性遗忘"和"逆行性遗忘"都有关联。

一个比较典型的例子就是克里斯托夫·克拉默（Christoph Kramer），德国国家足球队前队员，世界上唯一一名得过世界杯冠军却完全想不起来的人。2014年世界杯决赛的时候他比较意外地被安排上场，比赛到17分钟时他在冲撞中被其他人的胳膊肘撞到失去意识倒地，起来接着踢了一会儿之后才被换下场。后来他在场边反复问裁判这到底是什么比赛，得到好几次回答证实这确实是世界杯决赛，大家才发现他被撞出后遗症了。几周之后克拉默说，他的确完全想不起来比赛当天的事情，是看视频后才"知道"自己当时也在场的。这种情况也叫进行性遗忘（kongrade Amnesie），因为记忆缺失的时段是事件发生当时，决赛之前和之后的记忆都很正常。不过这段记忆克拉默先生已经没指望再找回来了。那个冲撞把一些神经元的连接打乱了，因此当时的记忆其实根本没有建立起来。

长期持续的失忆症当然悲剧得多，因为大脑在此期间是持续受损的。HM先生就是一例因为摘除了海马体而造成严重顺行性遗忘症的患者。对他本人来说压力已经不大，因为他会忘记自己会忘记事情的问题。何况他的短时记忆和程序

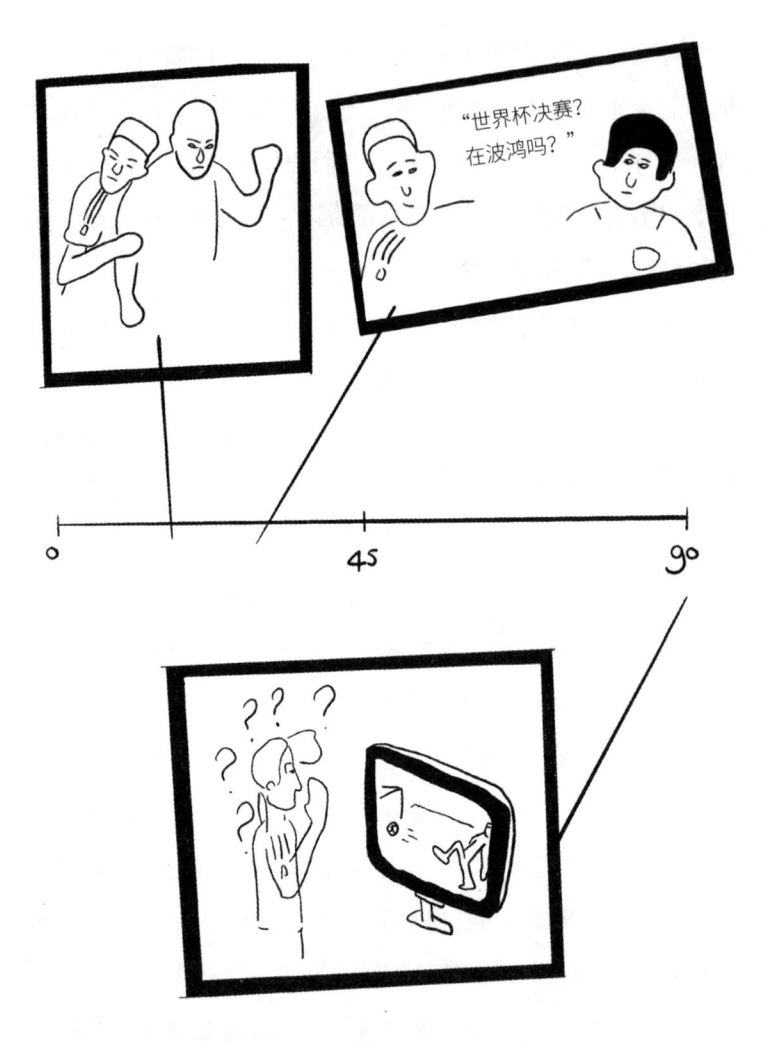

球员克里斯托夫·克拉默在世界杯决赛中头部被撞,出现了进行性遗忘:撞击当天发生的事情他都不记得了,看了电视才知道自己当时也在场

性记忆功能正常，但是如果一个人不能产生新的记忆，那无论如何也不可能正常生活，比如再也没办法认识新的人或者其他事物了。

每当有人跑出来声称想不起自己是谁，这种逆行性遗忘一般都会获得很多关注。所以我在这里特别说一下，逆行性遗忘在广播电视里出现的次数比现实世界多很多，许多人是从电视里得到了灵感。比如"钢琴男"：这个人是在英国海岸被人发现的，不说话，给他纸笔他就只画钢琴。后来人们让他坐在钢琴前，他的演奏水平据说是音乐会级别。于是全世界都开始寻找线索想知道这个神秘男子到底是谁。几个月之后他终于打破沉默，说自己叫安德烈亚斯·格拉斯尔（Andreas Grassl），本来计划去海边自杀的，后来的失忆症其实是装的。就是说，他其实没有记忆空白，心理问题倒是有点儿。

类似的事件还有柏林出现的"森林男孩瑞"，说自己独自在森林里生活了好几年，其他具体的细节也说不清楚，于是人们猜测他是不是记忆出现了障碍。最后前女友在电视节目上把他认出来了，他才承认一切都是编出来的，其实过去的事他记得很清楚。还有一个比较不一样的例子是"本杰明·凯尔"（Benjamin Kyle），他在美国博得了很大关注。他是2004年"冒出来"的，大概56岁，不记得自己的名字和之前的人生。新的事情可以记住，其他方面也没有什么受损的地方。这种状况被称为解离性失忆，它不是由创伤引发的，而是由其他精神疾病引起的，例如精神分裂症之类。这个人声称知道自己的生日和一些非常模糊的过往住址信息。通过催眠，他可以回忆起人生不同时期一些非常具体的独立场景，经过整理它们在电视节目中被表演出来，并被指认出可能的时间、地点等。

他知道2001年9月的恐怖袭击事件，但是想不起当时的总统是谁。尽管电视上密集报道过他，但是人们始终没有线索知道他到底是谁。后来人们开始怀疑他的说法是不是真的。因为好像稍微有点儿过气的苗头，他就立刻去上一个新节目，并且表示想把自己的事情卖给电影公司。他不知道自己是谁，所以也找不到他的银行账户或者退休金，只能依赖上节目赚钱。但如果一切都是演出来的，那演11年也是够厉害的。直到2015年，人们动用了基因识别技术，通过DNA比对才找到他的亲属。他的真实姓名和其他情况由于隐私保护的原因没有公开。或许某一天我们可以知道更多关于他的消息，学术界可以好好研究一下，或者好莱坞？

闪　回

还有一些完全不同的疾病也与记忆有很大关系，例如创伤后应激障碍（post-traumatic stress disorder，PTSD）。人经历了创伤性事件，比如车祸、战争或者强奸等，之后常常会有患上创伤后应激障碍的风险。一个典型症状叫作闪回，也就是情景重现，指的是创伤经历突然强烈再现。这个症状可能严重到当事者本人甚至无法分辨回忆和现实，因此造成跟创伤经历同样强烈的情绪感受。情景重现往往有触发的刺激因素，而且可能是意想不到的事情，比如尖锐的刹车声、很重的关门声或者类似的声音，等等。

大脑的记忆模型可以解释为什么会出现这些被动的回忆。成像研究发现，唤起记忆的脑区同时也参与情景重现。一种解释是说，神经元认出尖啸声时，会放电并输出信号。经过创伤事件之后，此处的神经元会与恐慌、极端情绪等相关的神经元紧密连接，因此在这些连接处只需要很小的脉冲就足以传递信号并造成与创伤事件同样的情绪效果。

创伤后应激障碍的通常治疗方法是在心理治疗师的保护下回想经历，由治疗师安抚、减轻患者的强烈反应。脑通过这种方式学习重建间隔。清除掉记忆是不可能做到的。这是由于相应的连接非常牢固，因此只能设法减轻它的反应程度。其实更有效的方法是在创伤后应激障碍发生之前就设法减轻它。有迹象表明，经历过战争的美国士兵患有创伤后应激障碍的更多，因为他们通常在事件发生后找上级详细汇报完情况马上回去睡觉。我们都知道，这样记忆储存就在睡眠中巩固了。而德国士兵没有这样具体的程序要求，根据他们的说法，经历创伤事件后，他们更愿意跟战友们一起喝很多酒熬一夜。这无意中减少了记忆的存储，降低了以后发生创伤后应激障碍的风险。

第三章

学习、回忆和遗忘

前几章都在关注神经元,现在让我们"更上一层楼",看看学习和记忆研究的实用知识。

学　习

如果我们说"学会了这个",一般指的是比"记住了这个"更复杂的过程。我"记"一个名字、电话号码或是好笑的段子,我"学"骑车、汉语或是毕业考试的内容。关于学习有不同的定义,其中很多都涉及持续性和行为改变这两个要点。如果小朋友摸了烫的炉盘,肯定立刻就能记住,然后学会再也不去做碰炉盘这件事,这就是"持续性的行为改变"。猫碰到炉子也是一样,所以学习的现象不是只存在于人类身上。同时,学习也是大脑的一种整理行为,大脑把单独的经验和信息整理成新的技能和知识。一般来说,我们会把这种有意识的操作过程称为"学习",比如背单词。不过学习有时也会在不知不觉中完成,如果一个朋友经常放我的鸽子,那我无意中就学到了别再信他跟我约的时间。

知识是没法直接传递的,学习永远意味着在大脑中建立新的知识连接。所以做老师特别难。如果学生不专心或是没兴趣,那想要学的知识就没法在他们的大脑中产生。同时"知道"并不一定代表可以"做到",这在学习动作的程序性记忆方面还是体现得很明显的。我可以说明白怎么演奏小号,但是并不能真正演奏好。德斯廷·桑德林这辈子本来是可以正常骑车的,但是在他特地练习了骑那辆反向自行车之后,尽管理论上还知道,但他也不能骑正常的自行车了。

语言学习也是同样。我的英语还算流利,在各国(包括英语母语)观众面前做专业讲座也没问题。我知道英语中说到没有发生的事件时,要用到简单的过去时态构成的"if 条件句"[1],但是实际说起来的时候还是常常用错。且能做到也不一定代表说得清楚。我可以用德语在电话里跟一个朋友说:"不好意思,要是那趟火车没晚点的话,我就不会错过换乘的车,那我肯定就准时到了。"这时候如果她作为正在学德语的外国人说:"没事儿没事儿。不过你刚刚这句话是第一虚拟式还是第二虚拟式?过去完成时还是完成时?"那我肯定就傻

---

[1] 例如 If I studied, I would pass the exams(如果我学习了,就能通过这场考试)。

眼了。

我们在说母语的时候也会用到语法规则。但是我们不是通过学习语法，而是通过模仿和重复学会了这些规则。在小孩子时期，我们会重复父母说的话然后某一天开始自己造句。小孩通过学说"我玩了（Ich spielte）""我说了（Ich sagte）""我想了（Ich wollte）"总结出一个规则：te 结尾表示之前的事情，然后自己接着尝试学会说"我吃了（Ich esste）""我喝了（Ich trinkte）""我睡了（Ich schlafte）"，结果发现好像不行[1]，于是就只好记住这些额外的特别形式。首先从规则上入手，而不是记住单独的信息，这是我们大脑学习时的重要特质之一，这一点不仅仅体现在语言学习上。

循规蹈矩

记忆模式理论是为了理解如何用同样的规则掌握我们自身周围世界的模型。这个模式确切来说是什么，记忆研究者也没有统一的说法。但重要的特征是，模式建立在已有的知识基础之上，我们可以把它看作一个信息网络，其中并不存储单独的记忆，并且具有一定的灵活度和稳定性。比如我们建立一个如何在超市买东西的模式，这样就不用把这辈子每

---

[1] 德语中"吃""喝""睡"这三个词的过去式有单独的特别写法，分别为"aß""trank"和"schlief"。

次去超市买东西的记忆都存储起来，那样太浪费大脑空间了。每次去超市时，这个购物模式就会被激活，我们可以轻松地完成所有步骤而不需要花费很多脑力。与此同时，记忆模式也在影响我们的期望值：这是个廉价超市？那东西应该便宜。大品牌的东西？贵但是质量好。不过这种影响在个别时候会有坏处，比如某些廉价超市的产品根本不便宜，某些大品牌的东西质量其实一般。不过我们通常还是由这些模式来主导生活。我们总结建立关于狗的行为模式，然后由此得出一套大街上遇到狗的应对方法。

记忆模式也可以用来把信息套用到模板里以便快速学习。你常去的超市上架了一个你很喜欢的产品，一两次之后你就知道到哪个位置去拿它。而反过来，不能套到模式中的事情就没那么容易了。有多少次你还在蔬菜水果区找称重的秤，然后想起来现在已经改成在收银台直接称了。不过这种知识网络始终保持着接受改变的灵活性。假如没有这种模式的话，我们的脑就得记着每一家超市、每一只狗和每一件物品。

这些规则和模式使我们在生活中真正有效率地进行各种活动，不过偶尔也会付出误判的代价，比如看着很萌的小奶狗结果爱咬人。同样，我们付出的代价还有失去单独事件里的细节。比如我问你几天前去超市买东西的过程，你会给我讲通常的流程——把车停好，去拿购物车，回汽车里找一块钱硬币[1],拿到购物车,进店,往购物车里放东西,在收银台排队,交钱,把所有东西拿到汽车里——每次都是这样,而上一次或者再上一次买东西的详情你可能就记不起来了。

位于荷兰奈梅亨的唐德斯研究所(Donders Institut)研究了这种模式在脑中是如何工作,以及它对学习是否有帮助等问题,我当时也在那里做过研究学者。其中一项研究是在一个环境里放置一些相称和不相称的物品,要求参与者记住这些物品。当一个物品符合记忆模式,就比较容易记住——比如浴室里的塑料小黄鸭,因为浴室里有小黄鸭在我们的预料之中。通过这个研究我们还发现,这种形式的记忆发生在额叶部分,那里似乎是储存记忆模式的地方。同时额叶也是在记忆模式的辅助下负责做决定和高层次思考的地方。当模式不适合时,比如小黄鸭出现在玩具店里,参与者们就不太容易记住。

反过来的情况也有,如果物品和记忆模式的反差大到我们会明显注意到,记忆功能就又变得更好了。就是说,我们在玩具店里不一定会预期看到塑料小黄鸭,但是它在那儿放着也不至于感觉不合适;而如果小黄鸭出现在冰箱里,那突兀感就大到我们又可以记得这个联系了,至少家里没有小朋友也没有失忆症患者的人会觉得冰箱里有个小黄鸭太荒谬了。

---

[1] 德国超市购物车需要塞入一个硬币开锁才能使用。

重点来了：记住这种矛盾信息的不是额叶，而是负责接收并临时放置全新信息的海马体。

受测试的人在记忆故事的时候，同样也显示出这种模式效果。一组人正常观看了一部电影的第一部分，再看第二部分时，即使出现的是全新的剧情，也可以较为轻松地记住。另一组人看的是同一部电影的第一部分，然而各部分镜头是打乱顺序播放的，这样第二部分就没有合理的内容关联。测试发现，即使第二组人正常地看了其余部分，记住的信息也明显少于第一组人。

我们有许多现有知识——事物的范畴、各类事件经过以及很多特殊情况。当然，这些现有知识也是网络化、多层次的。在超市买东西时，我们开启的不仅有超市模式，看到西蓝花时还开启蔬菜识别模式；邀请朋友来家里玩，买饮料酒水的时候就开启朋友模式，想好谁都喜欢喝什么。此外当我们判断一个东西贵不贵时会用到金钱模式，而不用回忆上一次买这个东西花了多少钱。这些记忆模式使我们可以很快适应各种情境，节省脑力而且行动迅速。

"学习"对我们来说很多时候是指从很多个别情况中提炼出规则和模式。有意识地去做这件事很难，而重复、确认和接受教训才能使模式不断完善。就像开始学习一项全新的东西总是格外困难，因为还没有合适的模式可用。一开始记住50个汉语词是很难的，接下来的那些就已经可以开始运用模式了。有些企业家说，最开始的 100 万是最难赚的，后面赚的就相对容易了，因为已经知道大概应该怎么操作了。关于背汉语词我用自身经验可以证实，至于赚成百上千万的感受，目前还缺头一个 100 万，有可能的话，我会在日后本书的新版本中告诉你们。

很多笑话段子也涉及这个道理。我们被逗笑是因为预期被中断。为此，首先你得有一个预期，大部分是由笑话引入——也就是一般说的铺哏——开启你某个模式。然后讲段子的人再把"包袱"抖出来把模式打破。举个例子。夏天休假过后两个朋友见面："今年出去玩得好吗？""酒店超棒，在一个很浪漫的海湾边，床上也妙不可言，简直梦幻。""哎哟，那你老婆一定也特别开心了啊。""啥？不是跟她去的啊！"

铺垫部分开启你的度假模式，从而产生了"浪漫旅行""夫妻感情变亲密"的相关预期。而"包袱"果断讲出预期是错的——老婆没有去。于是开启另一个模式：其实是出轨。这种预期被打破就成为笑点，我们觉得好笑，其实是记忆觉得被骗了所以好笑。

无论愿不愿意

对于所有想要学习的人来说都有一个问题，那就是要如何运用之前提到的这些脑知识。首先要知道一点：我们无论怎样都是在不停学习的。脑的学习既不需要我们的准备也不需要我们的允许。我们是不是允许它才不管呢。任何输入的信息都会导致脑活动，每一次都有建立新关联的潜在可能。所以学习的挑战性更在于告诉学习系统，这些狂轰滥炸般的信息中哪些才是重要的。是不是感觉数学书上的话总是抽象又复杂，不知道它在讲什么？这是当然的，因为脑子里根本就没有现成的记忆模式可以激活。我们能收入脑中的信息最大限度也就是通过海马体能记住的那么多而已，然后等睡觉的时候再慢慢整理，这一点在前面记忆巩固的话题中已经讲过。这种形式的学习是一个漫长又艰辛的过程，因此在没有把这些数学公式跟整个数学体系联系整合到一起时，想要理解数学书上的含义是比较费事的。在此期间你还要克服早已经建立好的"好像太难"模式、"怀疑没用"模式和"感觉无聊"模式。

　　酒精、毒品和疾病会对学习产生负面影响或者形成阻碍。而健康、正常状态下的大脑总是在学习中，"不学习"其实很难做到。

　　你知道 Agathe Bauer 和 Anneliese Braun[1] 吗？这是两个很典型的"听岔"例子，在广播节目和网上有无数类似的视频。它是指我们听歌的时候，尤其是外语歌，因为一上来没有听懂原歌词而听成了德语，结果就会一直听成听岔的德语词。

---

[1] 均为德语人名。

比如 Agathe Bauer（发音大致为阿噶则包儿），其实是英语的 I've got the power；Anneliese Braun（发音大致为安呢利泽不豪恩），其实原歌词是英语的 All the leaves are brown。我觉得你们应该知道类似的例子，有点儿不好形容，去搜索"有哪些听错的歌词"，你就知道我说的是什么意思了。

我们倒放着听歌也可以听出一些意思，也是这个效果的关系。大脑会运用既有的规则和模式去试图理解内容，这样当然有时就会听岔。讨厌的是，我们还马上就能记住。一旦开始时听错了词，后来想的就都是听错的词而没法正常听了。另一个例子是寻找类图画。玩过《沃利在哪儿？》（Where's Wally?）系列图的人一般都没什么兴趣再玩一次，至少也会把图扔在阁楼里好一阵子。

我们的脑需要一直通过感官输入并处理信息，让它不去学习根本做不到。就算是最近比较流行的漂浮馆——人在一个装着等体温盐水的封闭水箱里，不能看、不能听，也不能感觉，人会非常放松，但是很快会开始胡思乱想或者出现幻觉。从技术要求上来说这种漂浮每次应该控制在 30 ~ 60 分钟，每周不超过一次。把在封闭水箱之中的时间控制在一定范围内是放松且有趣的体验，不过即使是这样也有很少数的人漂浮后出现了持续幻觉的副作用。而且长时间地封闭感官属于比较严重的折磨手段，出于人权方面的考虑，这是被禁止的。即使我们的脑没有新的信息输入，神经细胞似乎也需要随机放电，因此在脑中产生了假象和幻觉。或许有些新的连接建立，那大概就是我们说的"悟道"。如果这种状态持续时间过长，则会产生心理伤害、惊慌或是精神分裂的状况。因此最好不要逃避自己的感官或者一直重复激活同样的模式，还是给大脑多投喂有意义的信息吧。

做专家

现在假设我们想要学习，先来看一下有意识的学习过程。为了使学习更加快速有效率，首先最好熟悉一下主题。可惜这不是一个很实用的办法，因为不是按一下按钮就能做到的事情。但是先研究一下"大脑是如何学习成为某方面专家的"倒是很有意思，我们也可以得出一些关于学习的窍门。在这方面，我们的特别研究对象是专业棋手。如果让非专业棋手在短时间内记住一些棋局，他们一般只能记住很少数棋子的位置，正好就是工作记忆的储存量大小。我们都知道，真正的专业棋手不但能记住一盘棋的位置，还可以不看棋盘，同时与多人盲下。在记忆棋盘的任务中，他们可以轻松战胜普通人，只是有一个条件：必须是真实的棋局，就是说要真正可以在对战中出现的棋盘状态。

如果是棋子随机出现的棋盘，那专业棋手跟其他人的记忆效果一样差。这说明只有结合脑中既有的知识网络，才能突破工作记忆存量大小的限制。这一点无论是对短时记忆还是长时记忆都非常重要。专业棋手可以做到重现研究过的他人对战情况或者自己下过的棋局步骤，而且没有特地去记忆的感觉。

美国学者安德斯·艾利克森（Anders Ericsson）研究了很多专业人士，他以自己的观察结果为基础发展出一套长时记忆理论。专家级的人是靠已有的知识在长时记忆中处理主题内容，而不是在工作记忆中。但是这并不表示这些内容会被永久保存下来。只是说训练有素的棋手可以在长时记忆中进行短时记忆的工作。相似的情形在很多专业人士身上都有体现，比如医生解决病症、舞者记忆动作、乐手听音，等等。

我和一名同事在马克斯·普朗克研究所时一起做过一项研究，发现记忆选手的大脑也是如此。我们请几名世界级的记忆选手到马普研究所里参加测试，任务是听人隔一秒读一个数字，然后复述。普通人大约可以记住7个数字上下，而一部分记忆选手可以复述出上百个。在事先不通知的情况下，第一组人，即普通人，记住的7个数字很快就忘记了，而第二组人，即专业选手，第二天还能毫无压力地写出那上百个数字，哪怕他们没有想到会再次测试。当然，有一点因素要考虑在内，就是专业记忆选手更有可能预感到会有类似的突击测试，因为他们相比另外一组人对比较研究的方法更熟悉。

通过脑部扫描我们可以发现，记忆选手在复述数字时，脑中活跃的部位与前一天记忆数字时用到的是同一区域，而不是通常的短时记忆位置。正如棋手记棋局，记忆技巧使他们可以做到把数字直接存储在长时记忆中。这不仅增大了信息接收量，而且也使回忆更精确。记忆选手与对照组的普通人比起来，可以更准确地区分哪些概念学过，哪些没有学过，前提是选手可以运用特别的记忆技巧。也有其他学者发现，职业足球运动员由于有更多经验，对球做出反应的速度比普通人更快。当然，他们的这一特长仅限足球运动。

美国的勒布朗·詹姆斯（LeBron James）是篮球这项运动中十分优异的球员，据说他可以记起职业生涯中超过1000场的比赛，并且运用记忆中对手之前在相似比赛情境中的走位来指导自己的反应。体育方面的媒体很喜欢说他有照相机式记忆，确实如此。在我看来，他早期的一个比较长的采访清楚地印证了常见的专家现象[5]。采访中他描述了自己从青少年时期开始就有意识地回顾比赛状况。其他业余球员可能在终场哨声响起后就想着喝可乐和冲澡，他则会把刚刚的比赛情形在脑中重演、分析一遍，然后更好地存在记忆中。知识网络由此越来越强大，新的比赛情境开始直接储存在长时记忆里。这里也说明了这种能力并不是天赋异禀，而是长期锻炼出的记忆结构。

锻炼知识网络的最终效果就跟我们之前说过的记忆模式一样，我们每个人都在好多事情上是专家级别，而这些记忆模式可以借助相应的记忆术把各种不同的学习内容有意识地在脑中安置好。业余小提琴手可能有少量模式可以帮助自己把一些经典曲目确定把位，但是专业的小提琴手经过多年建立起的演奏模式可以把曲目所有的把位演绎出来，帮助自己不断发现新的演奏方式。

艾利克森研究的第二部分问题是：达到这样的专业级别需要多久？很多人可能一下就想到了 10,000 小时法则。因为这个说法很适合我们凑整数和简单联系的模式。艾利克森自己也在几项研究中引用了这种说法来描述专家的时间花费。结果显示，有着 10,000 小时演奏经验的小提琴手与有 5000 小时经验的演奏者相比，演奏效果即使是外行也能听出区别。不过这只是一个粗略的区分而不是真正的标准。在有些领域可以花费明显更少时间就能达到世界顶级水平，这与任务的竞争程度和复杂程度大有关系。就算是世界上最好的记忆选手，也远远没有达到这么多的时间花费。根据我们的研究，记忆大赛的世界冠军一般要经过 1000 ~ 2000 小时的训练。

训练时间使用的质量如何其实更重要。而这个角度正是很多引用了艾利克森研究的自学指南书籍所忽略的一点。艾利克森把它称为刻意练习（Deliberate Practise），指有意识、反思型的练习。一个人如果很喜欢小提琴，一辈子拉琴的时间超过 10,000 小时，肯定会拉得不错，但是也不太可能达到世界顶级水平。要达到世界顶级水平，必须至少在初学阶段就由经验丰富的高水平老师有意识地训练。训练中需要不断地分析和反思，学了些什么？哪些做到了，哪些还没有？最好向世界顶级水平的高手学习，模仿和领会他们的动作。在德国，成千上万名小朋友每周三次到球场跟小伙伴们练习足球。然而最终可以脱颖而出的都是会回想和琢磨比赛过程和踢法的孩子。他们在训练时不只想要踢着开心，而且不断练习同样的技术动作，直到练好为止。

　　反思同时也帮助我们重现大脑中发生了什么。差不多相当于反复调取要练习的信息从而更好地实现存储，最终在大脑中形成长时记忆的相应结构。艾利克森最终的结论是，天才什么的根本不存在。他认为天才的说法值得商榷。进一步讲，那些被说成有特殊天赋的人只是获得了更多的练习机会、更好的名师指导、更精确地反思过所做之事，最终得以成为最优秀的一批。而其他人如果花费同样时间、拥有同样条件其实也可以做到。不过我觉得，艾利克森这个结论说得有点儿太绝对了。如果身高165厘米不再长了，成为世界级门将是万万不可能实现的。

"喂，大脑！这个我还记得吗？"

　　对学习来说，复习非常重要，而反思说到底也是一种复习。近几年的一些研究使我们比过去更加清楚了其中的原理。大部分人觉得老师提问打分这种测验或者考试的形式是为了检验学习成果，事实上这种提问对记忆效果有着巨大的影响。就是说在实践中，背单词的时候自己提问并回答一遍比再看一遍更加有效。这个现象很早以前就被发现了，但是直到20世纪90年代才有了具体的论证，2006年由于"罗迪"勒迪格（"Roddy" Roediger）的论义而成为专门的研究方向。勒迪格和他的同事们证明了"测试效应"（Testing Effect）的重要性，他们中的很多人也在后来的一些年开始领导自己的教研团队。其中一项实验大概是这样的：一组人被允许反复读一些单词然后以自己的方式记忆；另一组人只能读一遍，但是会被反复提问，如果答错就立刻被告知正确答案。学习时间结束后两组人记住的单词量差不多，然而一周后再一次问起时，第一组人把单词忘得差不多了，而第二组人还能记住大部分！

进一步研究中他们很快发现，这个现象不仅适用于记忆单词，同样适用于很多复杂的内容，例如某些需要借助专业书籍的学习内容。可惜的是，不少人都不知道这一点，因为方法不对而失去了记忆的好时机。很多实验参与者被问到问答形式是否能带来持久记忆时，大部分人的回答是不会。但他们错了。所以你在读了一本知识类书籍后，先不要立即开始下一项活动，而是在脑中想一想刚刚读过的内容。读报纸也是一样，除非你单纯是为了打发时间而不是记住内容，不然用这种方法也很有效。想要长时记忆学习内容仅仅靠一次重复是不够的，在还没有关于"测试效应"详细研究的年代就有使用记忆卡片来帮助学习的方法了：以越来越久的时间间隔取出卡片，然后检查这个单词是否认识或者这个问题会不会答。皮姆斯勒（Pimsleur）和莱特纳（Leitner）把这个系统和语言学习结合了起来：他们强调不断加大时间间隔复习。这其中也充分用到了测试效应，如果只是看一看、读一读卡片上的内容并不会有多大用处，只有通过提问才能有较好的学习效果。这个方法中的间歇复习（Spaced Repetition）非常重要，提问的时间点应该在马上就要忘记的时候才成功。如果我们对一个问题回答得又快又准，那提问就没有太大意义；而如果我们已经忘记了答案，那就太晚了，记忆卡片这时只好又回到学习系统中的第一个盒子里。再看一遍然后说"啊，想起来了"这样是不算的。

当然，我们在实践中很难知道什么时候才是最合适的时间点。根据一个简要法则，我建议大家复习5次，也就是自己检测5次：一小时后、一天后、一周后、一个月后、半年后。前几次的复习间隔较短，但因此它们也最重要。回想一下我们讲过的记忆巩固：在白天我们反复回想过的内容会被大脑作为"重要内容"来标记，它们会因此被加强而不是筛选掉。当然，这只是个简化的公式，合适的复习时间点也取决于记忆的具体内容。如果有谁看了本书受到鼓舞，打算开始学习外语，那就必须要做到更频繁地复习最初学习的词汇。因为你还没有建立起熟悉的模式，能把中文词直接记录到长时记忆里。而假如你闺密跟你说："欸，我跟你说，我怀孕

第三章 学习、回忆和遗忘

了。"那你肯定不需要重复 5 遍才能记住，一遍足够了。

人、图、情绪

学习过程并不是独立于思考之外的。就像在一个班级里，有爱捣蛋的孩子影响别人，也有好心的同桌帮忙讲解。只有当老师主持大局时，大部分孩子才能同时在学业上有所长进。大脑中的每一件事情也都是如此。在学习中有主导的，有促进的，有拖后腿的。现在我就给大家介绍一些。

智　商

"每个人都说自己的记忆力不好，但没有人说自己的理解力不够。"这句话来自弗朗索瓦·德·拉罗什富科（Francois de La Rochefoucauld）。这位法国作家在 17 世纪就发现了这一点。今天也是如此，抱怨自己"这个我可记不住"在社会上是没问题的，但是说"我太笨，这个听不懂"一般就只是特地自谦的用法了。电视节目上把记忆大师称为"最强大脑"，并且给他们贴上超强智商的标签，享受同样待遇的还有问答选手、科学家和心算选手。不过智商的定义说起来其实很麻烦。

一个简单的说法是：智商就是 IQ 测试测的东西。很多人会想"想要知道准确结果可以多测几次"，不过大部分在线 IQ 测试都不是十分正规，完整的智商测试其实需要几个小时的时间。在德国，我比较推荐门萨俱乐部搞的测试，在很多地方都有，费用不高，而且从心理学角度上而言非常可靠。门萨其实是高智商俱乐部，他们通过这种方式选择新成员。虽然有些争议，但是不论在学术研究，还是中小学、大学和工作中，智商作为预估取得好成绩能力的标准还是很合适的。就是说，智商也是一种衡量潜力的标准。

当然，这也就是说：有潜力而不用，相当于没有。住在阿尔卑斯山区的人跟住在东弗里西亚[1]的人比起来有更大的潜力学习好滑雪。但是如果这个阿尔卑斯山区的人每天想："今天算了，明天我再开始练习，反正山一直在那儿。"而住东弗里西亚的人如果每年冬天度假都来参加 10 天的滑雪课程，那第一个人肯定没有第二个人滑得好，就算家门口有山也没有用。而关于智商是否或者在何种程度上稳定的问题也有许多讨论。首先这是一个相互关系的问题。一个聪明的小孩非常可能成为一个聪明的大人，不过并不是每个聪明的大人一定在儿童时期也很聪明。近些年出现了很多关于锻炼智商的研究和尝试，当然，大部分没什么实际的成果。

最重要的"训练工具"毫无疑问是学校。每过一个学年，学生的智商就更进一步。现在你可能会想，那是因为升到上一年级时最笨的学生都留级了。你想的其实很对。但即

---

[1] 德国西北部下萨克森州的临海地区。

使考虑到这一点，也能发现学习和受教育对智商有持续的影响。成年以后，人的智商水平就只有很小的波动。先天的遗传基因与后天的锻炼和社会环境一样，只在童年时期起作用。还有重要的一点需要指出，大多数人的智商处在很相近的水平上，这就是著名的钟形曲线，大概70%的人智商介于85～115。

智商与记忆力的关系也有很多相关研究。其中工作记忆与智商可以说有相当大的关系，一般人在这两个方面要么都很好要么都很差。这两项功能都需要额叶处于活跃状态，而很多智商题目需要把不同的信息或事物联系起来，这其中工作记忆发挥着很大的作用。智商测试的一部分题目绝对需要好的工作记忆才能解答出来。而长时记忆与智商的关系就小得多了。很多智商高的人长时记忆也很好，但是反过来就不一定成立。智商水平一般或者较低的人也可以拥有好的长时记忆。

正如在脑中找不到一个单独负责记忆的区域一样，智商在大脑中是怎么回事也很难说清。一个比较受关注的解释是顶叶—额叶整合理论。这个理论又跟神经细胞间的连接相关，这远比所有部分相加重要。额叶深入参与智商网络，同时参与的还有脑的顶叶（后脑上部头盖骨下面位置），它是负责感官印象的区域。此外，还有一些其他的区域也参与其中，每个区域都有很多的神经元在起作用，不过这都只能解释一部分。只有当所有这些部分之间的连接格外好又快时，才能造就高智商。

注意力

另一个主导学习的因素是注意力。可能这会儿你会说："确实，我不认真的时候就什么也记不住。"但是我们不集中精力的时候，大脑其实也在接收信息。我们在瞬时记忆那段讲过的鸡尾酒会效应（你在跟别人说话的时候，如果旁边有谁提到你的名字，你一定会注意到），我们睡觉时各种形式的无意识记忆也是如此。当你新认识了一个人，不会特地去记住他的声音，但是之后再听到这个声音却可以认出来。

得到引导的注意力当然也能起到很大的作用。如果我拿一些人的照片给你看，先提醒你注意衣服的颜色，接下来注意发型，那你关于这两点的印象就会更深。但是这不排除你也会想起照片上的一些其他细节。想象你正参加一个研讨会，有人问你那个穿格子衬衫的男人是谁，你一定可以回答出来。但如果两天之后再这么问，大部分人可能就说不出答案了，至少你们中的男性是这样。除非因为某种原因你当时就特地注意了这个人的衬衫，比如那天有同事问了你，某某什么时候开始穿格子衬衫了？他是不是去逛街了？他是不是有件新衬衫？

我们可以把注意力放在某个事物上从而记住它。在脑断层扫描中可以看出来，注意力所在的大脑相关区域会更加活跃。而没有被注意到的信息相应区域同样也处于活跃状态，只是程度相对较低，所以你安排完工作日程之后马上就能注意到同事今天穿了新衣服。

虽说没有特别注意的时候大脑也在学习，但是注意力本身是非常重要的。我可以跟你说100遍我的电话号码，但即使重复这么多次你也可能记不住。101次的时候我说记住了就给1000欧元奖励，那你的注意力一下就能上来，记住这个号码的概率就非常大了。在实际研究中不用1000欧元这么多，大学生的话几毛钱就很管用。这种研究经常有，结果都显示有奖励的内容总是记忆效果更好。注意力可以提高学习效果，因为它可以积极地影响神经元的活跃程度。在实际生活中刺激就是"求关注"，广告就是充分利用这一点。尽管没有特别去关注到底哪种洗衣粉洗得最白，我们也一直保持接收信息。记住广告总是比记一串数字要容易，因为广告同时刺激多个感官，我们的大脑足够活跃，品牌的营销效果就达到了。

因此，有学习任务的人要记得把注意力放到学习资料上。偶尔走神儿很正常，但是注意力一直不集中就不太聪明了。手机静音，脸书（Facebook）关掉，避免房间里有人大声说话——听起来很老套，但是这样确实很有效，很多人却常常不注意。

音乐会不会打扰学习是个常常引起争论的事情，对于这个问题的各种观点都很容易找到相关研究。有很多研究发现音乐对学习有干扰作用，另有很多研究发现音乐对学习有帮助作用，还有很多研究发现音乐对学习没有影响。有时候就是会出现这种研究结果互相矛盾的情况。为什么会有这样的局面，人们还需要进一步的研究。不过总的来说，节奏快、音量大、歌词比较多的音乐对注意力和学习是有负面影响的；年轻人跟年纪大的人比起来更容易被转移注意力；如果这个音乐是自己喜欢或者熟悉的，一般至少不会太影响学习。所以我的建议是：怎样做感觉自己注意力最集中，那就最好怎样做。

在这里顺便再说一下 ADHS——注意缺陷与多动障碍，它常常跟多动行为（Hyperaktivität）结合在一起，也就是缩写中 H 代表的意思。在 2002 年的时候，有很多科学家共同表明了立场："我们一直强调，'注意缺陷与多动障碍不存在'这种说法从科学的角度来看是错误的。"[6] 有些人很快就说这是邪恶的"医药公司阴谋"。事实上这种障碍的治疗确实有问题。大名鼎鼎的利他林（Ritalin）[1] 会让那些只是有点儿好动的孩子变成家长和老师喜欢的安静孩子。但我也认为，过去或者现在还存在一种过早诊断的倾向，药也开得太多。但是因此跑到另一个极端，说这个病是"发明"出来的也是不对的。我认为当

---

1 哌醋甲酯，最常见的商品名为利他林，是一种中枢神经系统兴奋剂，被广泛应用于注意缺陷与多动障碍和嗜睡症的治疗。

这个障碍的症状已经使患病的人无法学习和正常生活时，有控制的药物介入治疗是正确的，当然，目前的药物也只能减轻症状，并不能治愈。我自己不是药剂师，所以从我的角度只能笼统地建议患者跟医生从正反两方面都聊一聊，如果有任何疑虑，最好找其他的医生听听意见。

动　力

　　把注意力放在一件事情上很好很容易，但是长时间保持就很难了。就算有意识地专注于一本书，思绪也会不知不觉就飘走了。我们在听一场很不错的报告时，可能会突然开始胡思乱想，然后发现刚才的两分钟内容好像错过了。而如果对应该学的东西压根儿没什么兴趣，那就根本没法集中注意力。

　　假如你还是大学生，对于这种情况可以用不同的学习资料转移一下，希望至少还能有一个感兴趣、有动力去了解的课程。对于中小学生，我们的期望很简单，就是尽量好好注意听讲。工作中也有很多东西需要学习，有时也是很难很折磨人。动力可以各不相同。一个历史课上3分钟都坐不住的学生，在家里可以摆弄收集的闪卡几个小时，能背下来几百个游戏人物的武力值、名字和属性。有些人公司年度培训前几天就开始抱怨，但是业余时间却去上十几门自己爱好的课程，即使有时候教得不怎样的课也能忍。这种支撑的动力叫作内在动力，它从我们自身出发，动力完全是自然产生，因此也很难从外部施加。"你得想办法让自己喜欢"这种建议其实跟没说一样。不过如果谁很开心地通过学习某项东西获得了成就感,或者发现学习内容和自己感兴趣的领域有关,那也可以唤起内在动力。

另一种方式的动力是外在动力,也就是动力来自外部奖励,这也是管用的。比如员工进修或者通过进修考试后老板会给奖金,老师给学生打高分,幼儿园的小朋友找到玩具小锅就可以得到小红花之类的。不过问题是:很多时候,外部奖励会损害内在动力。一个人完成简单的任务可以得到奖励的话,那之后没有奖励时他就不会自愿去做了。如果三年级的小学生数学考试勉强得了"良好"之后没有因为被夸奖而高兴,而是问"我有什么奖励吗",那就不是个好现象了。

1999年的一篇综述评估了100项这一问题的研究。结果明显能看出,外部奖励行为对所有年龄段的人都有作用,然而却对最终学习成绩有反效果。谁对某一个领域有内在的兴趣,就不会轻易放弃继续学习。大学生如果在刚入学的入门课阶段就感觉"及格万岁"(有些课程只需要及格就能拿到学分,分数对毕业证没有影响),那他也不会继续认真学习,因为目标在及格水平这里就停止了。家长、老师和管理者在设置奖励的时候都应该注意,要去激发孩子们的热情,而不是寻找外部奖励的方法。

反过来,我们发现自己内在动力不足时,可以想办法自我"收买"。"等我看完这一章并在脑子里重复一遍内容之后，就奖励自己一块巧克力。""等我掌握了1000个西班牙语单词，就去巴塞罗那玩一周。"不过，一定要注意任务和奖励的平衡。如果背一个西班牙语单词就奖励自己一份蛋黄蒜酱加橄榄，可能很快就会胖得影响到你的朋友圈。

学习和动力密不可分的原因当然也在大脑之中。边缘系统不但是负责动力和处理情绪的重要部位，也是记忆功能的重要所在。在这里，信使物质多巴胺起到了很重要的作用。还记得多巴胺吗？当期待某种形式的反馈时，多巴胺会释放出来，学习动力和学习能力都随之提高。而积极的反馈会带来满足感以及更多长期的反馈需求。外部的奖励如同毒品，使我们不断要求更多，才能达到同样的满足效果。有人因为某项服务得到2欧元小费，下次如果只听到一声"谢谢"，肯定就不那么开心了。

这个原理当然也可以利用起来：比如我们面对的是一项工程巨大的学习任务，目标看起来很难达到。"这个年纪了还学一门新的外语，怎么可能完成嘛。"奖励太遥远了，以至于根本不释放多巴胺，学习动力和成绩因此都随之下降。所以要设立阶段性的小奖励就可以有比较容易达到的小目标——像是读完第一章、记住100个单词，或是在西班牙餐馆里用西班牙语点小吃等。我们以此来训练自己的大脑不断要求新的成果，从而达到更好的学习效果。同样，在学习一门课时，学生面对一张数学卷子很没动力：太难了，题目太多了。先看个可爱喵星人的小视频，增加一点儿多巴胺剂量，直到感觉"现在至少能做一道题了"，这也是个办法。"欸，这个我好像明白了""搞定一道题！"等方法都可以。小建议：设立阶段性小目标，立即开始做。

情　绪

　　能够触动情绪的事情我们会自动记得更牢。生活中那些让我们生气、紧张、害怕，还有让我们激动、开心、惊奇的事情往往可以更好地留在记忆中。用语言表达，各种感官的紧密相通就一目了然。我们会说"我感觉这个木凳表面很糙"和"我感觉这个会谈气氛很糙（不友好、不舒服）"。如果什么事情激发了情绪，我们通常会受到"触动"或是"打动"。我们不会忘记初吻的情景，也不会忘记《泰坦尼克号》（Titanic）结局的场景。当然，原因可能各有不同：女生是因为心疼男主莱昂纳多（Leonardo）；男生则是因为嫉妒，女朋友竟然心疼莱昂纳多而不心疼自己。

　　情绪和记忆的密切联系存在于之前提到的边缘系统，这里对处理情感和记忆都有重要的作用。有位姓帕佩兹（Papez）的先生在20世纪30年代就在大脑这一区域发现了一套神经元组成的环路系统。这一系统因此被称为"帕佩兹环路"。他发现，脑中存在一个连接着几个脑区的闭合神经元链：它从海马体出来，经不同路径，通过"守门人"丘脑，一直到扣带回。

这个神经元链正好处于胼胝体上方，也就是左右两个半脑之间的连接之上。它在空间上来看是边缘系统中体积最大的一部分，负责影响和规范我们的注意力、专注力以及动力。一些神经通路从这里经过内嗅皮层，也就是空间记忆中非常重要的网格细胞，然后回到海马体，完成一个环路。总体来看，只有一小部分神经通路处于帕佩兹环路内，其余大部分通到大脑皮层中。帕佩兹当时认为它是用来处理情绪的。今天我们知道，这个环路对于记忆巩固有着更大的作用，它实现了前额叶皮层和海马体的信息交换，这也意味着由此可以产生长时记忆。

我们的情绪也是在这里及紧邻的部位生成并被识别和处理的。杏仁核主要负责感觉恐惧和评估危险，丘脑我们已经知道，是感官的守门人，它和下丘脑合作管理身体功能，并且根据我们的情绪调动身体做出相应的反应。所有这些脑区通过共同的信使物质系统、直接连接以及共同参与情景记忆产生的方式彼此密切相关。

我们经历了一件事情之后，留在记忆里的不光是地点、在场的人和事件经过这些事实细节，还有当时的感受。反过来，边缘系统，尤其是杏仁核，会利用这些经历，在刹那间对新的情景做出评估。留大胡子、穿长袍的男人：嬉皮士、

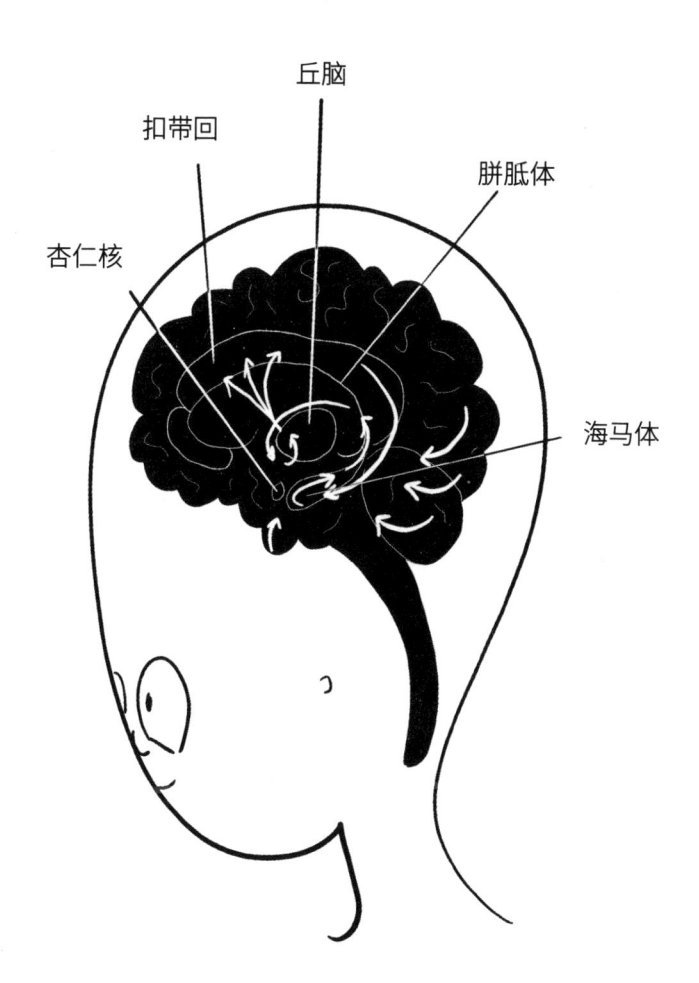

帕佩兹环路。在边缘系统中存在一系列的神经元,它们从海马体出发,大部分连接到脑的其他部分,比如大脑皮层,一小部分神经通路则经过很多中间路段回来形成封闭的环路。这个环路由大脑皮层控制,对记忆的巩固有着非常重要的作用。同时,它也连接着负责情绪处理的几个重要脑区乞丐、和蔼酋长,还是恐怖分子?两米远处有只狮子:可能会有危险,不过如果是毛绒玩具,或是在动物园里就没关系。这样说起来挺好笑的话其实是我们大脑一项了不起的功能,虽然我们还没有搞清楚具体是怎样实现的。计算机可以精确储存场景,但是没有办法快速判断相似却不同的场景。不过我们人脑的这个系统也很脆弱,该区域的障碍或问题会导致抑郁或是精神分裂症,两者也常常与记忆问题同时出现。

在有意识的学习过程中,我们常常碰到的问题是学习内容不能触动情绪。"我"和大脑对内容持有不同意见。"我"觉得毕业考试的内容非常重要!但杏仁体却对复习内容不感兴趣。相反,它觉得考试产生的紧张感比较可怕,所以会传递信息给海马体说:"记住,考试烦死了——其他事情都不重要。"这样也达到了调动情绪开始学习的效果。

我们都知道记忆故事比记忆事实要素容易很多,听一堂有趣的课比看一个高水平的幻灯片更有效果。但是以我的经验来看,大家还是没有很重视这个现象。我们对着书或是讲义学习的时候,总是忘记这一点。通过记忆技巧联系自身经历或者带有情绪因素的例子,我们可以激发出学习的乐趣。我在本书里讲笑话或是举例子,不仅是希望让你们读起来开心,最主要是希望你们能因此多记住一点儿。老师讲解大气层时,可以讲得很枯燥,也可以通过不同的例子让这个内容变得有趣——从气候变化到太空旅行,以及费利克斯·鲍姆

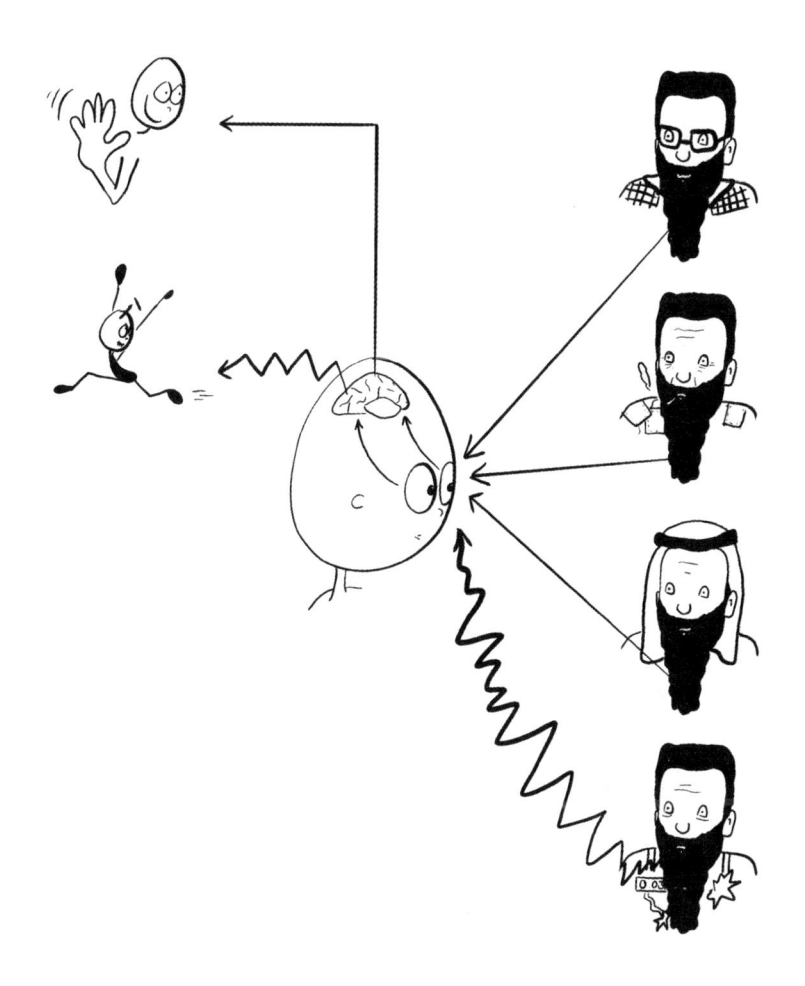

留大胡子、穿长袍的男人：嬉皮士、乞丐、和蔼酋长，还是恐怖分子？

加特纳（Felix Baumgartner）[1]的跳伞。

如果你刚换了工作，需要尽快记住30个新同事的名字，那你先记住的肯定是女上司（出于害怕）、同办公室的人（离得近）和爱搞笑的人（根据他的幽默感你可能出于欣赏、同情或者瞧不上）。剩下的27个人就要靠转换成图像来完成了。费舍尔（Fischer）[2]小姐虽然是会计，但是你可以想象她去捕鱼，眼前出现她在渔船上捕到很多鱼的样子。这样就把没感情的信息加入了乐趣和创意，成功把信息"情绪化"了。

同时，一定要和学习本身有关系，不是每一种方法都有用。就像有人发现了一种很不错的优化学习效果的"莫扎特法"之后，许多莫扎特的音乐CD或者其他产品不但卖给古典音乐爱好者，也卖给很多热衷早教的朋友。即使不太喜欢听，但是很多人觉得：这就像咳嗽糖浆一样，苦一点儿的肯定更有效。实际上，所谓的莫扎特效应是基于20世纪90年代发表在权威专业杂志上的一项研究。但是这个研究根本跟儿童没有关系，而是用的大学生作为实验对象。他们听了一段莫扎特的音乐之后，在紧接着的智商测试中成绩有所提高。这个益智效果其实几分钟后就消失不见了，不过这项研究的结果倒是一直影响到了今天。另有些学者发现古典音乐对小

---

[1] 奥地利运动员，著名高空跳伞、定点跳伞（B.A.S.E. Jumping）好手与特技指导、协调员。

[2] Fischer在德语中意为"渔民"。

鼠有积极的影响，或者可能还有上百个学者对儿童或大学生进行了"古典音乐检测"。不过随着接下来的20年时间里数不清的研究经费投入进来，很多事实表明，这个效果其实不存在。更合理的解释不过是研究者和大学生们的安慰剂效应。

总是"压力山大"

我们在坐过山车时很难想起数学课的内容，跟人吵得厉害时也总是想不出明显有力的话回击。这是因为外部的压力会导致我们的身体专注于基本的功能：逃跑或者战斗。如果一只狮子冲你跑过来，这时候三次函数的解法已经不重要了，别思考，先保命才是正经的。麻烦的只是，毕业考试的压力同样会造成这种反应，或是面试的时候脑子里一片空白，只想赶紧逃回家。不过如果只是一点点压力，大脑反应反而可以变得更快，我们变得更细心、更敏捷，可以获得更好的成绩。这里的一个重点是区分信息的接收和调用，前面提到的例子基本都涉及信息调用，紧张情境下只有最重要的信息才会出现在我们的意识中。反过来，这些情境却会被存储得非常牢靠。我们被狮子、教授或是上司吓到的事很久之后都会历历在目。为何会有这样的现象？我们应该如何运用它，好在当时当下的紧张气氛中获得最好的脑力？

首先，我们来看一个明确的事实：长期慢性的压力对大脑绝对是有害的。压力激素如果没有短期释放，而是长期处于高浓度状态，不仅会损害心脏和其他器官，还会损害我们的大脑。不仅海马体中神经元新突触的产生会受到影响，已有的突触甚至也会遭到破坏，因此长期忍受压力的患者常常同时伴有抑郁或是记忆减退的情况。

就如前文所说，大脑对于急性的短期压力会有不同的反应，如果画成曲线，看起来比较像一个滑梯。跟适度的压力比起来，压力太小或者太大都会导致任务完成的效果变差。就像小朋友玩滑梯：开始是排队等没什么意思，最后是已经滑下来只能重新排队，乐趣最大的时间点是在最上面刚开始往下滑的那一瞬。学习也是一样，如果一个大学生发现还有三天就考试了，此时他内心压力变大，学习效率也会提高。对很多人来说，任务艰巨然而还是可以完成的情况下，正是自己脑力大开的时候。

假如考试日期还很遥远，因为缺少压力，我们不光是懒神附体，学习效率也确实不高。当压力涨上来，整个人紧张起来，效率也就一下子爆发出来。当然，这都在任务还可以完成的前提下。考试中的压力值也很高，不过只要不是考试恐惧症，就还是有积极的效果：需要思考或者计算的问题我们可以回答得更好。不过，需要回忆的题目就会有点儿影响成绩了。

这个原因还是在于对记忆和情感处理都很重要的边缘系统。杏仁核负责报告"压力状况"，身体中与压力相关的激素会相应升高——呼吸加重，心跳加快，更多氧气进入大脑，从而提高思考能力。我们在压力之下释放的激素最主要的是皮质醇（Cortisol），它同时也是一种压力生物标志物。这个意思是说，通过验血检查血液中的皮质醇，就可以看出一个人当时的内心压力大小。海马体参与皮质醇的调控，它有很多受体负责识别皮质醇，当达到一定量时发出信号报告。短期压力下皮质醇会一次性大量释放，超出海马体的承受能力。兴奋的杏仁核和超量承载的海马体会首先调用和存储情绪化的记忆内容。此时的我们清醒又敏捷，不过调用长时记忆的功能则受到影响。

如果压力突然到来，我们当然很难控制好它。要是产生了这个任务没法完成的感觉，比方说在考试中发现很多题目答不出来，那压力就又增添一层，此时钟声嘀嗒嘀嗒响着，就更要命了。因此学会不给自己增加额外的压力非常重要：最好事先去熟悉考场，做好复习，考试用的东西提前装好，考试当天准时出门。不要比平时喝更多咖啡，不要任何额外的紧张感。做到以上这些，你的压力激素基本可以维持在可以接受的水平。假如还是感觉考试中压力上升，不要盯着题目发蒙，闭上眼睛一分钟，有意识地做深长的呼吸。如果在等候考试时就开始紧张，那就稍微走动一下，或者听听令你放松的音乐。不要急急忙忙翻书，试图把复习内容再看一遍。

大脑需要什么

除了动力、注意力和情绪，我们在学习时当然还需要很多其他的基本要素。首先是氧气。脑中氧气不足时，我们几秒钟之后就会察觉。而脑中的血液循环如果停止，最多10分钟之后我们就会死了。极限潜水员可以屏住呼吸更长时间，那是因为他们在下水之前先吸了足量的氧气，才可以撑过正常时间之后氧气还有富余。氧气通过血液到达大脑。需要足量的水使血液顺畅地流动，这就是我们要多喝水的原因。大家都知道喝水最好是喝白水或者不甜的茶。喝多少比较好呢？不同的说法推荐量也不同。我们取个各种说法的中间值，根据体重不同，正常活动量的人每天适合喝2～3升水。还有一个简单的标准：如果渴了才去喝水，那就说明喝得太少。我个人一般每天差不多能喝4升水，参加记忆比赛的时候，尽管都是坐着，但是喝水量会明显变多。

其次我们的身体需要能量，而大脑虽然只占身体重量的2%，它所消耗的能量却达到20%。对于身体所有细胞来说，最重要的能量来源就是葡萄糖。不是说应该不停地吃糖，而是我们的身体会通过加工碳水化合物来自己制造葡萄糖。直接吃的糖会很快进入血液，也很快就被消耗掉了。瞬间的高血糖水平没有很大的意义，反而对神经元的健康有所损害。而通过食物摄入的碳水化合物则需要经过分解和转化，所需的时间更长但是也能更久地提供能量。加番茄酱的白面包汉堡会使血糖很快达到一个短暂的峰值，而全麦或者蔬菜中的碳水化合物更复杂，要经过更长时间的转化，因此是能全天提供能量的更优质食物。

此外，经常被提到的脂肪对大脑也十分重要。欧米伽-3（Omega-3）脂肪酸，尤其是二十二碳六烯酸（DHA）是大脑的重要组成物质。大家一定都知道"鱼油"，每天吃鱼油补充大脑所需的 DHA 是很早以前就开始流行的方法。不过针对这一点的研究显示，直接吃鱼油其实比从食物中摄取的 DHA 少得多。构建突触的最主要物质是蛋白质，具体点儿说是蛋白质的最小组成部分氨基酸，大部分都由身体自己合成。我们已经知道 20 种不同的氨基酸作为身体中全部蛋白质的组成原料，其中 12 种是身体可以自己合成的，剩下的 8 种[1]则从食物中来。这些"必需氨基酸"主要来源是全麦食品、豆类、坚果、蔬菜、水果、鱼和肉类，其中某些食物会有很高含量的某种氨基酸。

如果讲到"健脑食品"，其具备基础营养水平就是关键：足量的水、碳水化合物、健康的脂肪、不同来源的氨基酸。这些东西在哪里？都在我们平常吃的食物里。只要我们饮食均衡，就可以达到所需的摄入量。大脑本身不能储存能量，因此一定要吃早餐，上午才有能量可用。早餐推荐优质的碳

---

[1] 婴儿期为 9 种必需氨基酸。——编注

水化合物，因此吃水果麦片的习惯很不错。接下来的午餐和晚餐也应该同时吃到碳水化合物、健康脂肪和蛋白质。两餐之间的零食要控制在少量，不过一根香蕉是个好选择。虽然鱼和肉是重要供能物质，不过素食的人可以考虑多吃豆类和坚果来满足身体的基本需要，只吃沙拉当然是不行的。只要我们饮食多样化，没有消化不良的身体问题或食物不耐受，就没有必要额外去吃保健品。从来不吃鱼或者坚果的人，倒是可以考虑吃点儿保健品，当然，其实更好的做法是整体地改善饮食习惯。

我承认"好好吃饭多喝水"听起来肯定没有"19种必吃的超级秘密食品，让你变天才"带感，不过道理确实就这么简单。让营养学家给出一个简单的建议比找神经学家给建议更困难。相关研究杂志上最新的醒目大标题似乎也没有什么用：吃鱼对大脑超级有益——不过吃多了汞中毒；吃鱼油吧——不好吃也没效果；那就吃坚果吧——100克有700千卡热量，吃胖了就不好了；而且不要烤也不要加盐——"呃，如果你嫌没什么味道，那就不是我们的问题了。"我觉得你们应该已经看出我想说什么了。

有考试或者要专心学习之前最好不要吃太多，以免为了消化食物耗费太多能量。考试前我们应该适量喝水，间或吃点儿水果和坚果补充能量。好消息是：偶尔吃些巧克力是可以的，最好是黑巧！或者适时地喝一点儿酒！当然，我说的不是学习的时候，那肯定不好。从很多研究结果来看，晚上来一杯啤酒或者红酒是没什么害处的。还有用来提神的咖啡因，每天控制在三杯咖啡以内暂时还没有发现不良后果，不过提神效果过了之后疲劳感很快又会回来。

中学、培训、大学——学习方式变好了吗

大家都说，今天中学里的学习方式跟100年前比起来并没有多少变化。我自己也遇到过不少不喜欢的老师，他们自己已经不再有学习热情（就算之前有吧），或者跟学生之间没有交流。但我也遇到过不少好老师，而且其中有些老师并没有超强的专业知识却激发了我学习这门课的兴趣。我高中时的计算机课是一个小班，开学后我们很快就发现老师的专业水平好像还不如我们。像很多第一代的计算机老师一样，他是从数学老师上了一个培训课程后转行来的，然后教我们这些从小家里都有电脑的孩子。不过他从一开始就没有想表现得比我们会的更多，而是把我们分成几个小组，让我们自己研究项目的内容，然后再讲给他听。我必须承认，当时的我觉得在中学里这么上课挺奇怪的。不过很快，当我考进多特蒙德工业大学的计算机系时，发现800个新生中5个是我们高中那个小班的同学，我才明白这位老师有多难得。近十几年这种共同自学加相互讲解的模式在一些中学和特殊教学法学校里得到了推广，比如华德福学校和蒙台梭利学校。

令人惊讶的是，直到 2012 年才有一项大型研究，比较华德福学校和普通学校的学生成绩。事实表明，华德福学校的学生的确在学习上更有动力，对学校的满意度更高，病假率更低，尤其是自然科学方面的成绩更好。当然，我们也必须考虑到，非常重视教育的家长才会把孩子送到花费更多的华德福学校。如果看中学毕业考试分数，两种学校并没有明显区别，华德福学生的成绩没有明确的好或坏。所以在选择学校的问题上最终还是要看孩子的意愿，以及对华德福教育这种特殊的人智学世界观的认可程度。至少从考试分数上来看，这种特殊教育体系没有特别的效果。当然，对每个孩子来说可能是完全不一样的结果。有的孩子在特殊教学法学校里更加适合，有的孩子则在普通学校里如鱼得水。

每个上中学、培训课或者大学的人都应该首先关注自学能力。中学里的学习还比较依赖老师，大学之后尽管引入了博洛尼亚进程[1]和本科/硕士体系[2]，但对学生自学能力的要求依然很高。考试前一星期才开始学习的人一定压力很大，而且这样的方式也不利于学习内容的长时记忆。我常常收到邮

---

[1] 博洛尼亚进程是欧洲诸国在高等教育领域互相衔接的一个项目，以确保各国高等教育标准相当。该体系得名于 1999 年欧洲 29 个国家在意大利的博洛尼亚大学签订的《博洛尼亚宣言》。随后，该体系对所有愿意参加的欧洲国家开放。
[2] 德国大学之前采用 Diplom 和 Magister 学位体系，相当于硕士直读，对学生自学和规划时间的要求更高。

件，问我临近考试的情况下有什么办法通过记忆技巧争取过关。一般我会回答："没有。祝你好运吧。"相反，如果从中学起就学习和运用记忆技巧，有意识地提高自己的专注力和学习动力，知道怎么利用测试效应（逐渐延长时间间隔自我提问），就可以很开心、高效地学习。但如果所学专业自己不喜欢，只是因为咨询专家的推荐才去学，那再好的方法也效果有限。

如今，学习方式的真正改变在于人们有了更多接触高端知识储备的渠道。作为学生，如果自己的大学老师只是很无聊地在前面读教材，在今天网络发达的时代，点击几下就能找到全世界很多大学同样主题的课程。作为老师，如果发现一个题目很有趣，但并不是自己擅长的专业，那可以在教室里打开电脑通过 skype 之类的通信软件连线专家。曾经有另一块大陆上的学生和老师觉得我从事的事情很有意思，希望我可以拿出几分钟时间给他们讲讲，我就用这种办法给他们讲过几点建议。

神经学做过许多不同的课题研究，也常常被质疑"这些课堂教学没有多少实际用得上"。我倒不这么看。我们当然不能每年把学生送去做一次大脑扫描，看看今年有些什么新的发育成果。了解了看到触动情绪的图片时哪些大脑区域会活跃起来也不能帮助小学老师教孩子们更好地背乘法口诀。但是把问题简化到这个程度的人并未看到，整体了解了学习是怎样实现的，长期来看会有很大帮助。学习有障碍的学生也可以去做检查诊断，根据脑部图像发现问题所在。而我认为最重要的是这种科学的普及，这也是我希望通过本书可以达成的任务。现在这个领域的书常常是要么深奥、要么伪科学，或者信息来源明显是老师而不是专家或研究人员。调查显示，还有很多老师在相信"右脑型学生"和"左脑型学生"这种谣传，导致他们带着学生在空气中横着画8来建立左右脑的连接，既没有科学根据，也没有什么用处。

说到底，是否还是要靠经济利益才能带来大规模学习方式的改变？现在有很多创业公司在做基于神经学研究成果的学习方法产品。比如在语言学习方面已经有不少改变了——越来越多年轻人现在学习外语都在用类似Memrise、Zizzle、Babbel这些合理整合了测试效应，甚至记忆技巧的应用程序；还有在展示新产品的互联网平台上，定期会出现家用测脑产品，帮助监控睡眠和学习效果，当然，目前为止还没有很好用的，不过方向已经有了；在线学术网站现在有成千上万的用户，尤其是想要了解技术方面的最新方法，网上的资料已经比绝大部分大学都要好。

回　忆

调　用

　　记忆包括信息的接收、巩固和调用。如果现有的信息不能调出来使用，那单纯地接收信息就变得没有意义。不过需要明确的是，大脑中记忆的调用并不是一般想象中的跟计算机一样的调用过程。当脑重现某个细节或者词语，即相关神经元网络被激活时，我们才能重新使用这个信息。一段完整的回忆不是完全精确的经历重现，而总是由许多细节重新构建而成。大脑中并没有一个硬盘可以下载各种回忆、视频或者事实。

　　大脑调用回忆的过程要复杂很多。计算机可以准确地定位储存内容的位置，而在脑中只发生信号传导，不断使神经元放电，通过神经元的连接使信息再次可用。就是说首先要有一个调用刺激来启动这一系列反应。现在你试着回想一下本书里你读过的章节都有些什么标题？能想起一个来吗？比如很短的或者很逗的？有些是文字游戏那种的。

　　你很可能一开始什么也想不起来，因为此时你的调用刺激是"章节标题"这几个字，而它跟各章节的具体标题其实没有联系。现在有了附加的条件"很短""很逗""文字游戏"，可能会带给你更多的答案。刺激越多，调用出来的概率就越大。下一步我再给你们一个提示：有一个是关于在脑中寻找硬盘的。这个现在想起来了吧？

由此我们可以看出，刺激分为不同的程度，由此调用出记忆内容的速度也是不同的。即使你现在还是没有想起几个标题，或者一个都没想起来，也不表示这些内容不在你的脑子里。记忆研究者区分了"自由调用"（任务的第一步）和外界提示下的调用 [英语叫作线索回忆（Cued Recall），有提示的第二步]。

重新认出来也是一种形式的调用，下面这几个标题里有一个是本书里的，哪个是？

- 出发去管道
- 隧道尽头
- 纪念柱

只要你读过那一节，就算之前说不出来，这时候想起这个标题的概率也非常大了。这说明这项信息是在你的记忆某处，只是需要特别的附加信息才能把它征调出来。现在你可以接着想想这个章节写了些什么内容。

调用信息需要的刺激各不相同，甚至不需要与内容有直接关系。我们在很多研究中都发现，很多时候记忆这项内容的当时环境很重要。早在1975年，戈登（Godden）和巴德利（Baddeley）让一个潜水俱乐部的成员记两个单词表。一个单词表潜在水里记，另一个单词表在岸上记。过一段时间之后让他们回忆记过的单词，在水里做一遍，在岸上做一遍。结果非常清楚：在水里记的单词，水里回忆的时候想起的更多；在岸上记的单词，岸上回忆的时候想起的更多。所以如果你正在学外语，打算将来在岸上说，就不要只在潜水的时候背单词——当然，在水里反正也不能说话。

关于这种情境效应有很多相关研究，而且在日常生活中也有很清楚的比较。习惯在家里某个固定房间背单词的人会发现，确实在这个房间里比在别处能想起来的单词更多。跟空间情境差不多的还有其他种类的情境。比如当初记忆时血液里有很多咖啡因，想要更好地想起来也应该多喝点儿咖啡才行。或者你喝多了之后不知道把钥匙放在哪儿，再喝多一次或许就找到了。希望你丢的不是汽车钥匙。如果还是没找到的话，至少你喝了酒又开心了。

现在说正经的，这个效应在有意识地学习和考试中只能起到很小的作用，但它对脑研究来说却意义重大。它使我们知道脑的学习联着网和调用刺激有多重要。它也能部分解释为什么有些东西我们想不起来。想不起来时，利用情境刺激真的很有用。比如用英语读过的内容用德语（或母语）想不出来，可以试试用英语思考。或者站在地下室里想不起来要拿什么的时候，不必再上楼重新想，你只要闭上眼睛，在脑海里想象自己回到楼上也有用。

就在嘴边

常常听到人说："欸，就在嘴边啊，想不起来了。"我们很确定那个信息或者词语就在记忆里，但就是想不起来。这个说法在各国都差不多，所以我们来研究一下这种"嘴边现象"。有时候一个提示或者想法就能让你想起来，但如果完全没用，很可能睡眠已经把这个信息夺走了。作为记忆专家，我最讨厌的事情就是脑子里想到一个问题，明明应该知道答案，却得去网上搜索一下才能安心。不过现在已经算不错了，至少不用跑去图书馆。

关于这个现象有两种理论。一种理论说，我们想要直接定位到信息，而信号却在脑中绕到别的通路上，于是想到的都是同义词或者相似词，而真正需要放电的顺序却被挡住了。类似我们开车去一座小镇，不巧正常的路被封了。我们被绕路的指示牌指来指去绕圈子，而真正能进去小镇的指示牌却没看到。

另一种理论则说，其实这跟获取信息没有关系，而只是"我知道"这个想法不断加强，最后感觉"就在嘴边啊"。支持这个说法的证据就是，常常感觉"就在嘴边"，然后知道正确答案后发现"欸，好像没听过嘛"。好比我们在地图上看见一座小教堂，想起来要去的地方好像也有座教堂。而等我们真到了那里才发现其实不对，之前想到的根本是另一个地方。

创造调取结构

我们已经见识过一些记忆力超级好的人：对本专业内容超级熟悉的专家、有技巧的记忆选手，等等。对我们所有人来说，记忆力特别好不仅意味着接收的信息多，调取信息的能力也很强。如果一个记忆大师号称自己可以在短时间内记住很多东西，只是没法调用出来，相信没有人会买账。我们在德国电视节目《想挑战吗？》里常常看到一些由于常年从事某项工作，在某一方面记忆了超级多信息的人，那个信息储备量是很惊人的。比如通过摸铲斗就能分辨出 100 种挖掘机，这背后有多少年的功夫根本无法估算。

这些惊人记忆力的关键不仅是吸收的信息和所花的时间，还有唤起这些信息的能力。我们研究超强记忆力时通常会探讨三个特质：第一是通过有效编码及连接到已有知识网络（比如通过一些记忆技巧）而获得较强的接收信息能力；第二是有意识的反思练习（刻意练习）；第三是记忆的调取结构。

大脑自己会建立起调取结构，比如自传性记忆就有不同的路径找到之前的回忆。第一我们可以按照时间段来想。比如问自己 2010 年的 12 月做了什么，你就是在时间上用年份和月份来做索引。地点也是一种调取结构，比如我们搬过家或者有过长时间的旅行。当然，还有人物索引，比如长期的男女朋友，或是在某些经历中在场的亲人和朋友。

这当然会与长时记忆的模式有重叠部分。如果让我想一下"圣诞市场",首先我脑子里会出现一个抽象的场景:摊位、圣诞红酒[1]和圣诞帽。之后我会想起一些特别的回忆。多特蒙德和慕尼黑这两个地方我都住过很长时间,它们的圣诞市场有什么不同?这时我回想慕尼黑的圣诞市场,一些特殊的场景也浮现出来了。我曾经在一排摊位的最边上那个买过一盒香薰蜡烛送给我奶奶,她老人家特别开心。

我们可以有意识地创造这种调取结构,以充分利用语义记忆。位置记忆法是其中一种(见第四章)。另一种也是非常推荐的方式,在读专业书籍时,首先读一遍目录,看一遍插图还有每节小标题之后再开始正式阅读。这样可以建立起一个更好的记忆内容结构。如果你知道应该看哪里,那找东西就容易多了对吧。记忆跟整理办公室抽屉的道理是差不多的。

"我很肯定!"——虚假记忆

我们用脑中的"内眼"看到的东西很可能跟事实不一致。有不少研究的内容是试着把一段记忆"种植"在一个人的记忆里,结果发现这简直惊人地容易。其中最主要的是伊丽莎白·洛夫特斯(Elizabeth Loftus)研究小组做的研究:以实验对象父母提供的信息或者日记的内容为基础采访实验对象的童年经历。实验流程大概是这样的:就受访者真实的童年经

---

[1] 德国圣诞节时喝的一种酒,红酒中加入香料和糖,加热饮用。

历提几个问题,然后再问一些研究者编造出来的经历。"那次你在父母朋友的婚礼上把蛋糕打翻了的事情是怎样的?"开始几乎所有人都会说:"这个我想不起来了。"到了下几次受访反复再问,其中一些人就会开始"想起"这段经历,有些人还能复述出整个情节:"啊,对了。是在室外的婚礼,新娘穿着白婚纱。我因为穿了正装的鞋,不小心撞到了桌子。"受访者用别的婚礼记忆素材创建了一个全新的场景。接下来研究者会说:"这个是开玩笑的,根本没发生过这件事。"有些人反应会非常愤怒,认为研究者胡说,他们明明都想起来了!一点儿都不夸张,越是不可能,他们内心的反对越激烈。

早在 1886 年,慕尼黑的精神病学家、实验心理学的先驱埃米尔·克雷佩林(Emil Kraepelin)就描述过记忆伪造的现象。他认为非常有必要把幻觉、错觉和虚假记忆区别开来。因为最后一种不是病症,而是正常健康的记忆现象,它常常出现在人们过去经历的记忆中。虽然它跟梦境粗看去很像,但是跟梦境回忆还是有很大不同,我们意识不到这件事根本没有发生过。不过不管怎样,虚假记忆是不需要治疗的。当然,你要是想起昨天好像被外星人抓走过,那还是应该赶紧去看看。

虚假记忆其实根本不需要搞到这么复杂的地步。如果小鼠已经学会某地潜伏着危险,那么当相关海马体细胞在另一地点被激活时,小鼠的危险感觉也会与此联系起来,它们就会害怕这个地方。

　　人类也会在短时间内因为一个简单的概念而产生虚假记忆。来做一个简单的测试，请记住以下几个概念：冷、雪、秋天、圣诞节、滑雪、壁炉、雪橇、甜酒、冰雹、薄冰层、新年夜、外套、轮胎。现在来想：刚才这些词里有"鳄鱼"吗？有"雪"吗？有"椰子"吗？有"冬天"吗？有"壁炉"吗？有"圣诞市场"吗？现在回去看一下回答得对不对。你知道这一章在讲什么，所以可能没有上当。但是我觉得"鳄鱼"和"椰子"你一听就知道没有，而"冬天"和"圣诞市场"可能要迟疑一下。大部分人在记忆不止一个而是多个单词后，过一段时间再去想，会想起一些其实并没有出现的词。我们的大脑并没有精确地存储这些名词概念，而是通过它们的共性关联完成了记忆。正常情况下这样做确实比较好，因为我们可以记得更快也更可靠。但是在这个题目里，这种共性记忆就不可靠了，我们会回忆起一些根本没有出现在单词表里的概念。

　　虽然没有记忆研究者每天追着你问单子里有没有"薄冰层"这个词，但我们在日常生活中最好能意识到记忆的这种缺陷。因为记忆倾向于让我们自我感觉更好，它会帮我们推脱责任，欺骗我们，让我们回忆起自己做过的事都是自己没什么错的。

　　比如有两个朋友在一月的时候聊天。第一个人问："欸，你觉得谁能夺冠？"第二个人说："多特蒙德啊！"五月时联赛结果出来，冠军是拜仁。这时第二个人很可能会说："我早就说了嘛！"即使是专家也避免不了这种情形。有时候还有这样的情形：你估计了一下某个计划拍卖物品的价格，几个月后拍卖结果出来，你再回想当初自己猜的价钱，想起来的数目会明显更接近实际拍卖价而不是之前你自己猜的那个；同时，你还会觉得自己的估价被证实了，从而高估自己看价的本事。

制造虚假回忆也根本不需要像洛夫特斯的研究实验中那样细致，光是给实验对象暗示性的提问就够了。比如先让参与者看到一辆车旁边有个穿蓝外套的人，之后告诉他们那辆车被偷了。参与者至少会说：有可能是我看见的那个穿蓝外套的人。如果上来直接问："偷车那个人穿的外套什么颜色？"就会有明显更多的实验对象回答"蓝色"，并且感觉自己好像想起来看到那人偷车了。

这就显示了虚假回忆现象的危险性：比如有人被怀疑虐待了儿童，因此需要询问其他在儿童时期曾被此人监护过的人。反复的询问会导致他们突然"想起"被虐待的经历。这样不仅会产生冤假错案，被询问的人也会真的因此留下心理阴影。

所有这些例子都包含了三个阶段。在第一阶段起始点要经历、预言或者相信某事。在第二阶段，也就是下一个时间点,这个信息被问起或者出于别的原因被"想"起来,在此过程中信息由于比较脆弱而与其他错误信息连接在一起,导致形成了后来的虚假记忆。任何回忆都意味着重新储存,因此回忆有一段时间很容易受到干扰,之后才重新变强。愤怒或者恐惧治疗方法就是利用的这一现象,当然,也存在一定问题。比如名人的说谎事件:克里斯托夫·道姆(Christoph Daum)或者扬·乌尔里希(Jan Ullrich)真的认为自己完全无辜吗?不太可能吧,因为关于吸毒或者用兴奋剂的记忆不可能完全从脑子里消失。卡-特奥多尔·楚·古滕贝格(Karl-Theodor zu Guttenberg)真的认为自己的论文只是写得不规范,而不是整页整页抄的吗?也有可能吧。

目击证人的陈述

法庭是一个涉及虚假回忆现象的特殊环境,因此我们对目击证人的证词总是需要带着一定程度的怀疑来审视。尽管在很多案件中证人是重要的信息来源,但是要想到不少证人会在有意或无意中说谎。伊丽莎白·洛夫特斯就做了很多相关研究,发现人们为了加重自己的存在感或者本身作为受害者的不客观立场,都会导致上面所讲的虚假记忆。法官们自然会尽量避免暗示性的提问,但是他们并不知道警察或者律师在之前可能问过哪些问题,对记忆产生了什么影响。目击事件当时常常伴随压力或者干脆是在创伤情境下出现的。据

看一眼上面这张图，过一会儿你会作为目击证人被询问

估计，错误的目击证言导致的误判案件比其他各种原因造成的误判加起来都要多。

说几个明显的情况，告诉你回忆有多脆弱。比如警察询问交通事故的目击者："两辆车是怎么飙到一起的？"目击者给出的估计速度会明显比问"两辆车是怎么开到一起的"时要高。再比如，有些人目击了一次抢劫案，假如在警察局做笔录的时候听到背景声音里其他警察说"我们抓了个穿红外套的家伙"，他们之后回忆起嫌疑人衣服的颜色时会明显更倾向于认为是红色,而事实上并非如此。如果第二天早上的报纸上写着几个目击者可能见到了一个穿红外套的抢劫犯,也会有同样的效果。

在这个现象中,时间是一个很重要的因素。在最初询问的时候,目击者大多数还不是很有自信:"那个人有可能是戴了个棒球帽吧。"过几天到警察局重新做详细询问时,他们就很确定了:"我觉得那人戴了个棒球帽。"因为数次重复唤起回忆会导致记忆的自我证实。等到几个月后出庭做证的时候,目击者就会很确定和自信地说:"我看得很清楚,那人当时戴了一顶棒球帽。"因此这一领域的专家会建议,警方在第一次询问做笔录时,一定要询问目击者对自己所提供信息的确定程度。可惜大部分警察当时只记录了"是或不是",几个月之后律师才会问到确不确定的问题,而那时候证人的记忆已经自我确认得差不多了。

因此指认犯人时也需要特别审慎对待。研究发现,2/3 的被询问者可以从一队人中指认出一个可能的嫌犯,而事实上真正的嫌犯根本不在这队人里面。比如其中一个人看起来很紧张(有可能是因为无端被怀疑),目击者由于偏见、虚假记忆或是无意识中的感觉,就很快会说:"这个!就是他!"假如大多数警察,有时还有一些法官都很相信这个证言,可能一个嫌犯就诞生了。

那是不是说目击者的证词就用不上呢?当然不是。关于这一主题的实验研究中，大多是特别设置了条件来创建虚假记忆，从而证明记忆可以伪造，这一点毫无疑问。然而在所有的实验对象中，通过反复询问他们童年记忆中没有发生过的事情，也只有 1/4 的人会被骗到。在后续的一些实验中，上当者虽然更多，然而实验中的问话技巧都特别经过完善以便达到预期效果，而这些问话方式在警方询问时是绝对不会出现的。

这里所讲的重点当然不是从根本上贬低目击证言。但是在 20 世纪 90 年代的美国，曾经有一批很受关注的案件。一些人说自己在心理治疗手段之下唤起了被压抑的童年时期受虐记忆，一批"嫌疑人"因此受到了指控。而这些记忆其实是值得质疑一下的，因为常年反复的询问可以构建回忆，而原本的事实又无从考证，究竟谁是真的回忆起了被压抑的经历，而谁的记忆其实是虚假的？对于普通人来说，最好知道我们的记忆跟保存视频不一样，它会时不时出错。而警察们也最好去接受一下心理治疗师的那种培训，才能更清楚地知道应该如何询问以及哪些问题要避免。这样目击者的说法就是一个很重要的信息来源了。

现在假如你是目击者：本小节开始的时候你看过一张图，说一下嫌犯的棒球帽和围巾是什么图案？回答之前仔细回想，然后翻回去看答案吧。

遗　忘

遗忘是回忆的反面。但遗忘到底是什么其实并不容易说清楚。比如有人问你一个人的名字，这个人你之前在某处见过，但是想不起来。假如碰巧那个人又提了一下名字，这时你一般就会说："啊，对啊！"可能这个人只是说了姓，但是名字你也一并想起来了。那这个名字算是忘记了还是没有忘记呢？

在实际生活中这个可能没什么重要的，但是如果我们去检查大脑中发生了什么，就会发现这个区别很大。从神经元层面来说，一种是有些连接不够牢固，没办法自己放电，当再听一次这个信息时就被再次激活了；而另外一种就是连接彻底不见了，或者是神经元间的物理联系当时就没建立起来（就是说这些信息并没有从短时记忆中转移出来），或者是由于某种原因连接丢失了。在行为层面这两种也可以被区别出来。

早在 19 世纪，赫尔曼·艾宾浩斯（Hermann Ebbinghaus）就研究了遗忘这个现象，确切地说，是研究了他自己的遗忘现象。他背下来一些无意义的音节，然后在不同的时间点测试自己还能记得多少。显而易见，此时长时记忆中几乎没有可用的连接。记忆模式和现有知识在其中起不到什么作用。因此在一个小时之后几乎就忘掉了一半。第二天差不多一共忘掉了 70%。同时他也研究了另外一个问题：把这个音节单子保存在长时记忆中需要重复多少次？在这个过程中他发现了记忆和遗忘的一些基础知识。在遗忘曲线中，我们在第一天之内忘记得有多快还不是最重要的。更有趣的是，有很小一部分信息即使在很长时间之后还是在记忆里，而与此同时，遗忘现象在几周之后还在进行。

研究更长时间段内的遗忘规律就比较冒险，因为这与研究整个一生的记忆力变化同样不切实际：让研究对象今天记住一些信息，然后过几年或者几十年之后再去问——实在太不方便了。当然，有一部分研究还是做到了，只是用到了其他替代的方法。比如拉里·斯夸尔（Larry Squire）测试过美国人的电视剧知识：他选择了只播过一季，而且也不是根据真实事件或者众所周知的历史故事改编的电视剧，这样观众不会从其他渠道重复获得信息。9年的时间里，他逐次询问不同组的研究对象，看他们对电视剧的内容还记得多少。相似年纪的研究对象被分到同一组，因为一个今年20岁的人当然记不住15年前的电视剧，他可能根本就没记住过，也就无从遗忘了。斯夸尔因此发现，艾宾浩斯的遗忘曲线长期来看依然有效，而记得比较好的内容多年以后在大脑中依然在逐渐被遗忘。

这一点有个比较让人印象深刻的例子是"忘记母语"。一般人听到这个会感觉很奇怪，怎么可能会有人把从小记得那么深刻的内容，比如自己的语言，都给忘了呢？我在英国做交换生的时候，曾经遇到过一位60多岁的德国人，他20岁出头的时候来到英国上学，在这儿恋爱了，后来跟德国也没有太多的接触。他很想用德语跟我说话，但是好像几乎做不到了。他把自己20岁之前几乎唯一使用的语言忘记得差不多了。不过如果他重新开始学习德语，肯定会比生来是英国人的德语初学者快很多。你可以自己想一下，中学里学过的东西你还能记住多少？很多记忆的痕迹在大脑里消失了，很多连接变弱了。不少人在自己小孩上学之后，感觉学校里教的东西非常难。不过因为要辅导小朋友作业，自己必须接触这些题目，于是很快就又掌握了。

我们可以遗忘，这本身是一项很重要的进程。首先并不是所有的信息都有用，我们也不可能什么都记住。如果一个好几年都没有用到的回忆跟眼前的事情一样立刻就可以被激活，那我们几乎不可能做到真正的快速反应。

其次不是所有的信息都一直是正确的。比如一个游牧民族的人记住某处洞穴是个安全的歇息处，那对他的生存一定非常有帮助。但是如果他哪天发现有只熊跑到这个洞里冬眠了，那他最好在脑子里把这个信息更新一下。我们大多数人在上学的时候学到的还是：德国是一个分裂的国家。大脑可以更新这个信息真是太好了。或许你们还记得过去联邦德国的首都是波恩，但现在问你德国首都是哪里，你应该也可以脱口而出。

其他一些信息更新得更频繁。比如寄一封信要多少钱？大部分人只知道现在的价格，但是不一定近几年每一次涨价都很清楚。

在计算机里这种信息很容易更新，然而在大脑里"点击更新"其实是比较难的。大脑里存在两种不同方向的所谓"干扰"：如果你之前知道一些信息，而现在要记忆的东西是跟它相反的，那就格外困难。另一种干扰的情况是，如果你新记住了一些信息，大脑里原来一些相似但是不那么牢固的记忆就会受影响。比如一个人的西班牙语说得不怎么好，现在他开始学习一种新的相似语言，比方说意大利语，那他这点儿西班牙语知识就更容易忘记了。这个现象适用于学单词之类的成对记忆，之前的连接越牢固，受干扰的风险就越小。

很多东西我们一时想不起来，就以为自己忘记了。而只要发出合适的调用刺激，就又想起来了。比如照片或者当时在场的其他人讲述会帮助我们回想起某次个人经历。当然，由于每次回忆都是一次重建，我们记忆中的空白可能是大脑自己靠想象力填补上的，还有原本分开的记忆可能就此混在一起了。不过实际知识类的问题，通过正确的提问，我们也可以想起来。

假如你去参加一个问答类节目，有一个问题答不出来但还有时间可以想一想的话，不要觉得再读一遍题目能把答案硬挤出来。更好的办法是想一想曾在什么情境下听到过答案。或者你在一个节日活动上看到远处有一个你应该认识的人，但是想不出来名字，那可以按字母顺序慢慢来：安娜（Anna）？比吉特（Birgit）？卡罗（Caro）？克里斯塔（Christa）？康斯坦策（Constanze）？德西蕾（Desiree）？啊，是德西蕾啊！按这种方法去想，正确答案出来时你就知道："对，就是这个。"

作为记忆运动选手，我特别容易遇到这个问题，我用这个方法列出少则几十、多则上百的名字后，正确答案一般就出来了。如果专注于这个记忆空白，那就没机会想出来了。而把可能的答案过一遍，就算这些闪念非常快，我需要一秒钟闪过好几个，正确答案出来时一般都会"咔"的一下——我又知道了。

由于每一次重新激活答案都是加深记忆的过程，这些被问到的信息会在之后很长一段时间里都记得很牢。所以当我们有些事情宁愿忘记也不想要想起，知道这一点就很重要。主动地去遗忘几乎不可能。酒精或者药物可以在睡眠期间抑制记忆的巩固，不过它会无区分地作用到所有记忆上，所以也不好。最简单的办法就是不去想它。经过一段时间，相关神经元的连接点会有新的连接生成，而长久不用的旧连接就会逐渐丢失。只有创伤性经历或者负面、情绪激烈的回忆反复出现（见"闪回"一节）时才需要找治疗师干预。当然，这种治疗一般也只能做到回忆与情绪分离，而不能真正删除。

第四章
记忆训练

不用则退

或许你从某些记忆教练或者脑力游戏中听过一个类比的说法:"大脑像肌肉一样可以锻炼。"作为记忆教练我也喜欢在入门介绍时做一些比喻。原因很明显:锻炼大脑这件事超级值得推荐!但是关于这一点我有稍微不同的看法:大脑不是肌肉,因此这个类比只在很小的程度上正确。我们可以把大脑当作一个由神经细胞组成的网络系统来训练,因为它是一个整体。不过把肌肉锻炼结实需要上千次的重复练习,而大脑中建立一个新的连接只需要一个好主意或者熟练的记忆技巧就可以完成,并且连接一旦建立起来就非常有用。

当然,这个比喻也不算全无道理。新的神经连接路径只有通过不断重复才能最终变成神经高速公路。即使是学习很简单的技能,通过不断重复也可以达到更高水平。一个经常被科学研究引用的例子就是卷雪茄的工人。这个工作要求一直重复一系列固定的动作。学习曲线在开始阶段呈现陡峭上升的趋势，但是工作多年的熟练工即使改善幅度很小，效率也还是一直不断地在提高。你能想到生活中有什么需要一直重复的动作吗？一些年之后是不是还能变得更快——你的思路想到哪里，我就先不打扰了。

之前我曾经介绍过我的一项业余爱好是叠杯子运动。它不需要更有力的肌肉就可以一直持续地完善动作。初学者可以在几小时训练后成绩飞速提高，但是整个运动的妙处在于，玩了几年之后，你还是可以不断地有几分之一秒的小进步。另一部分则是由于偶然性的影响：即使是精确地保持同样水平，也要看运气好坏，赶上好的开局还可以创造新纪录。

从竞技叠杯比赛中可以看出选手们达到的平均成绩在不断提高，而同样的现象也不只纯粹的动作流程项目。叠杯子的流程始终是一样的，而另一个流行的项目"速解魔方"就不同，参赛选手要努力在最短时间内将魔方恢复初始状态。20世纪80年代有那么几年，每个孩子的家里或者书桌上都有个魔方。1982年甚至举行了世界锦标赛：冠军明泰（Minh Thai）的纪录是22秒。当然，复原要靠转的方式完成，在地上摔散了再重新拼起来不算。2003年产生了一个新纪录，此后随着互联网的信息交流以及世界范围内这个益智玩具的普及，就再没停过破纪录。2003年的世界冠军丹·奈茨（Dan Knights）

的纪录是 18.76 秒。从他之后世界纪录几乎每年都在刷新。2007 年蒂博·雅基诺（Thibaut Jacquinot）第一次把世界纪录刷新到 10 秒以下，2015 年到了 5 秒以下——来自美国的 14 岁的卢卡斯·埃特（Lucas Etter），他在这个年纪已经参加过超过 30 场大赛，有着 6 年的比赛经验。

此外，已经练习多年的选手也在不断进步。2007 年的世界纪录现在可能连前 1000 名都排不到了。在转魔方的过程中，虽然动作流程的完善也起到重要作用，但最重要的是模式识别以及据此优化正确的算法。在魔方复原这个运动中我们也可以看出：要取得好成绩首先要在童年时期就熟悉玩法，然后通过百万次的练习一点一滴地进步。

锻炼脑变聪明

记忆力可以通过相应的游戏锻炼而得到优化吗？现在有不少用来训练和改善大脑的游戏非常受欢迎。过去，游戏只是用来消遣，比如俄罗斯方块并不是建筑工程师的训练程序。但今天不一样了，什么游戏都需要有一个用处。游戏形式的大脑训练变得很流行，光看名字就知道这是把思维训练和跑步训练相提并论了。为此，科学研究也常常被拿来用作理论支持：2008 年，瑞士的苏珊·耶基（Susanne Jaeggi）发布了通过锻炼工作记忆可以提高智商的研究成果。她所做的比较是：我们可以通过运动锻炼血液循环系统。训练得当时，很多项目上训练过的人成绩都比没训练过的人要好。由此可以推论，我们的工作记忆也是这个道理，通过锻炼可以把各项任务完成得更好。

基于这一理论和任天堂《成人的脑锻炼 DS》(*Gehirnjoggings*) 游戏在市场上取得的成功，出现了很多做这类应用程序和奇怪的脑力练习网站的创业公司。这里面最大的一家叫 Lumosity，拿到了 5000 万美元的投资。如果这种训练真的有用，那绝对是大事件。可惜耶基所说的效果在很多后续的其他研究中并没有明确地被证明，因此她的这项研究常常被拿来讨论。

一个主要的问题是：怎么比较？安慰剂效应，也就是你对这件事情的期待起到了很大作用。比如一个人整天喝青汁排毒，感觉自己确实身体变好了，但其实不喝也是一样的。或者一个人整天通过背字母顺序来锻炼大脑，因为推出这个产品的公司好评无数，所以这个人觉得自己真的可以记得更多的东西了。有些人是有受虐倾向的，吃甜的药总觉得没有苦的好，栓剂或者打针那就一定更有效了。这种效应有时还可以使医学上不好治的病自己痊愈，即使药丸里什么能治病的成分都没有，但是病人确实感觉好多了。关于信仰的力量："你戴个铝的帽子干什么？""防止外星人。""这里根本没有外星人！""你看！有用吧！"

在记忆研究中同样存在安慰剂效应，如果跟受试者说，训练项目能够提高记忆力，他的成绩就真的会变好。因此研究者总是要解决一项更艰难的任务，建立一个对脑力训练不买账，却有望同样成功的对照组。

实验的结果：跟安慰剂效应组不同的是，作为对照的"不买账组"把脑力训练只当游戏玩，他们经过"训练"后只有在这个游戏类似内容的项目上才能取得更好的成绩，仅此而已。不过商业市场并不会把这些科学研究成果当回事，经营这类项目的公司犹如雨后春笋，产品效果也越吹越离谱。以至于在 2014 年，超过 70 名记忆研究领域的顶尖学者（包括耶基本人）共同发表了一个声明，反对这个市场的发展，声称这类游戏对于大脑锻炼根本没有用。2016 年，Lumosity 公司由于虚假广告被起诉，被判罚了 200 万美元，之后也不得再发布这类广告。

那么是否可以通过锻炼工作记忆来改善其他方面的能力呢？人们也在做进一步的研究，得出的结论有些说是有些说不是。但即使有用的话也必须是在严格控制的条件下，而不是靠一些小游戏。其实耶基最初的任务也没有很清楚地显示出受试者的工作记忆是否真的容量变大了。跟她的想法不同，我个人认为大部分能力的提高都是以掌握策略为基础。即使是我，作为记忆运动选手，在一开始处理这些任务时也并不比一般人好。只不过我稍微想一下就可以在大部分情况下找到合适的技巧，从而得到超群的成绩。这两者的区别就是一个锻炼的是工作记忆本身，一个锻炼的是使用工作记忆的技巧。后者需要有目的地学习策略及其具体的应用。这些技巧的运用已经远远超出了短时记忆本身的范畴，甚至会直接涉及长时记忆。

因此记忆技巧训练的最大好处是，在很多学习任务中你可以学到直接就能使用的方法。好比你想要很快地从甲地到乙地，我当然可以卖你一个全面的健身项目，让你每天勤奋练习。这样你不仅可以每步多迈出几厘米，而且跑的频率更快，坚持得更久。不过我也可以卖你一辆自行车。锻炼脑就相当于健身项目，而记忆技巧就相当于自行车。

有时候我自己也看一些记忆研究学者的采访，他们中有些人会说，从转用角度来说，这类技巧训练项目跟普通的游戏没有太大区别。你确实可以记数字更快了，但是再来记字母还是跟从前一样慢。这个说法有一定道理，但大部分是错的。这也让我感到，我们作为学者在自己专业范围内只触及不多的地方，发表观点要格外谨慎。很多心理学专业的学生都很轻视记忆技巧方法，而我的同行认为这些方法相当好，愿意把自己的所知所学好好推广。

你们很多人应该都知道二十世纪七八十年代的一项著名研究，很多关于记忆的讲座都会讲到它。我们之前提到过的专家中的安德斯·艾利克森和他的同事才刚刚开始着手研究，他们让学生们练习记忆数字，所选的方式是一个非常经典的记忆测试：每隔一秒读一个数字，然后要求学生们重复出来。正常的成绩基本上是记住7个数字，20世纪80年代有名的记忆大师大概能记到20个。

不过艾利克森没有像通常的实验一样只做几次练习，而是让学生们在几个月时间内每天都练习几分钟。最神奇的汇报来自参与者史蒂夫·法隆（Steve Faloon），他开始只有记7个数字的普通水平，但是经过20个月的练习后，成绩达到了82个，简直多到闻所未闻。法隆在训练期间学会了用跑步时间来代替数字的办法，因为他同时也是一名雄心勃勃的跑步选手，在不同的比赛中获过奖。追求荣誉的体育精神和长期持续训练的习惯帮助他把枯燥的训练坚定地执行下来，这也使其他人怀疑，他所做到的事情是不是还能算作正常情况。不过他把自己的方法传授给了其他学生。他的同学达里奥·多纳泰利（Dario Donatelli）用这个方法训练竟然可以突破记住100个数字的大关。很可惜法隆在之后不久生了重病，1981年，年仅23岁就去世了，没有机会再赢过他的同学。如今这个练习已经成为所有世界记忆大赛的固定项目，世界纪录为456个数字。不过即使到今天，记到100个以上也是属于顶尖级的成绩了。

法隆是自己摸索出的训练方法。据说他出于傲气没有看过任何前人所写的文献来研究记忆训练方法。至少艾利克森在 2016 年春天出版的关于自己职业生涯的书里还声称，当时还没有记忆教练这个概念。但其实这个说法是不对的。在 20 世纪 50 年代美国有个魔术师名叫哈里·洛雷恩（Harry Lorayne），他在电视节目上作为记忆大师的表演曾经风靡一时。当时他出过很多相关的书籍，其中《记忆书》(The Memory Book)在 20 世纪 70 年代初的时候差不多整年都在美国《纽约时报》(New York Times)畅销书排行榜里。那也就是法隆训练自己的前几年而已。所以法隆真的是全凭自己摸索出训练方法还是为了每天得到酬劳不巧"忘记"了从别的渠道听到的事情，也是有点儿值得怀疑。

不管怎样，艾利克森在这项研究中发现，虽然学生通过训练后记忆数字的能力明显提高，但如果把数字换成字母，成绩一下子就又跌回最初的 7 个左右。这一点直到今天都常常被误读，认为这个记忆技巧的作用很有限。其实不是这样！研究结果的确是对的，但这不是重点。假如突然要我记毫无逻辑的字母，我可能也不会立刻成绩超群。但是给我几分钟想一下的话，我就可以找到方法来记了。事实上，2014 年已经开始在记忆大赛上设置了突然袭击项目，而 2015 年正好就是记字母。大部分选手可以在 1 分钟内记到 50 个以上而不是 7 个，记忆方法熟练了之后是可以触类旁通地灵活使用的。

记忆选手常常在电视节目上表演，我自己拿到的任务从饭店点菜到扔骰子再到历数地球上各个国家的首都都有。这些记忆技巧让我在大学时期受益匪浅，而现在作为记忆教练，我又可以用它们帮助和陪伴不同的人实现目标：从中学、大学课程，职业培训到记住各种各样的产品的品牌和名称，甚至公司咨询师和大公司总裁们开会时不想只靠助理把最新的议题写在文件里，而是自己记在脑子里。所有这一切的技巧基础都是一样的，并且需要熟悉和训练。好在这不像举哑铃一样是在健身房里做重复的练习，记忆技巧的训练更加多样化，一些也不需要花很多时间。2014年我在德国电视一台（ARD）的纪录片中给安克·恩格尔克（Anke Engelke）[1]做记忆训练指导。半年内，她在处理很多工作的同时，抽出时间做了足够的练习，最后在德国北部记忆大赛的数字和名字项目中得到了中等的成绩！

到底多少训练是必要的？我的一项记忆研究是让没有基础的学生在6周的时间里，每两天上完我的一次课后回去练习30分钟。这个练习量不算很少，也并不是很多，但足以使他们在记忆数字和单词的时候成绩加倍了。重点是每个人都取得了进步，没有一个人练习了之后完全没效果。

不同的科学家在各自的方向上研究了不同的记忆技巧，有些技巧在年幼的学生或者年长的人身上也取得了不错的效果。两个美国记忆教练在研究关于记忆"恐惧"的专业概念技巧

---

[1] 德国著名喜剧女演员。

时，发明了一个比较有讽刺效果的新恐惧症候群：害怕运用记忆技巧症。他们想用这个概念来惊醒教育心理学家，在教学中应该增加这些记忆方法的内容。目前的学校教育几乎没有涉及这些技巧，他们觉得这其实很可惜，而这也是我的看法。

记忆技巧

图像化思考

记忆技巧的原理到底是什么？为什么我们身体的其他功能看起来都运用得挺完美的，而大脑却不是天生就具备最好的记忆能力？如果记忆技巧这么好用的话，为什么之前没人跟我推荐过？这些问题在我刚接触这一领域的时候也曾经问过，直到现在我还是觉得它们很有意思。如果你是把本书从头看到这里的话，这些问题可能你已经可以回答一二了。

从演化的角度来看，我们的记忆力并不是为了增加脑中的数据流量、常年地研究学习或者用于文字的。它在生理角度上与几千年前到处迁徙的游牧民族没有多大区别。脑的超强适应性以及做到这么多事情确实非常了不起，不过记住专业知识、复杂内容、名字、演讲全文或者书籍的记忆系统和相应的负责区域其实只占很小一部分。相反，大脑中超大的储存部分其实是留给情景记忆（我们所见、所闻、所经历的事情）以及联想和情绪使用的。可惜现在一上大学，入门课就是"经济法",即使是对大学课程最有期待的那种新生来说,这门课也很不带感,所以情绪记忆和个人回忆在学习中基本用不上。那些我们必须要记住的内容,很可能都是相似情况。

记忆技巧的任务正是为了需要记忆重要内容而打开和借用其他记忆系统。这其中主要是靠图像来实现!图像化地思考就是这些方法的最基础理念。古希腊时期的演说家和学者就已经知道这一点,而且确实今天在用的很多方法都可以在传统上追溯到这一时期。首先最重要的一点就是设想出一个场景,然后把情绪化的内容与自身的自传性记忆和情景记忆

里的东西连接起来。我说的图像化其实不是静止的图片，而差不多是视频的样子，主要是交感作用。你可以引入其他感官：听到、摸到、闻到、感觉到了什么？有哪些情绪或是印象可以联系到记住的图像？

有些人可能会担心自己的创意能力不够，或者脑中"内眼"需要戴个眼镜，他们感觉自己在想象过程中其实看不到什么。有一个问卷可以测试想象力水平[7]，成绩显示，各人之间的差异的确非常大。有些人可以把东西视觉化到真如自己亲眼所见一般，而另外一些人属于比较极端的情况，甚至在2015年被一些学者建议认定成一种病症：想象障碍（Aphantasia）。大约有2%的人说，他们在想象事情的时候脑海中根本没办法出现图像。曾经有一次我问一个来上课的学生，他在想象的时候看到了什么，他回答："看到一片黑。"这差不多就是想象障碍人士的感觉。

但是我并不认为应该把这一切定义为病症，正常人之间视觉想象能力的差距也很大。有一点让我比较惊讶的是，记忆运动选手中也有不少人想象能力有限。他们可能知道此时是在想着自己的房间，而脑子里并没有真的出现房间的图景，但是这个程度就已经可以受益于记忆训练的方法了。因此想象力测试的结果在我的记忆训练研究里对训练效果并没有多少影响。只是这个环节分数低的人需要更多的时间才能尝试运用图像化记忆技巧。在这里算是我先给大家一点儿鼓励，接下来讲讲重要的技巧。

关键词记忆法

我在上中学的时候差点儿因为英语成绩留级。老师认为我"自然科学方面学得很好,但是语言类不行"。我当时也信了他的话,后来选修外语的时候选了拉丁语而不是法语(因为拉丁语更接近数学),每次得了 4 分[1] 都挺开心的。就是说我的拉丁语也是学得不怎么样,直到后来我们课堂测验的时候可以查词典了,情况才开始改变。其实说起来词典本身也算不上多大的辅助,因为背单词对一般人来说其实只是小问题。不过我因为有了词典,成绩立刻提升了一档。我家里原来有一大沓 6 分的单词测试卷,可我当时就是记不住单词啊。

如今我在全世界用英文演讲,还可以说一些"逛街够用"水平的荷兰语、西班牙语和中文,我很想告诉每一个孩子运用关键词法记单词有多容易。关键词法当然也是用到图像:记一个单词的时候要先找到一个图像,详细地说就是先找一个已知的词,听起来要跟这个新单词比较像,然后把这个图的内容跟新单词的意思联系起来。我在小时候也用过一

---

[1] 德国考试系统为 6 分制,满分 1 分,6 分最差,4 分为及格。

些"驴桥法"[1]，但是要把这个方法运用到整个学习中，就不能只会看驴在哪里，而要自己学会把桥建起来才行。

这个方法的重点是一定要清楚，我们的目的不是把新单词单独在脑子里封装起来。必要的时候可以利用多个关键词，极端情况下甚至可以分音节来找关键词。关键词必须能让我们想起它来，因为在学习新单词时我们会用眼睛看或是耳朵听（最好能两者同时），相关神经元也会活跃起来。但是孤立的活跃没什么用，如果没有把它们连接起来，对记忆并没有帮助。因此在这里我们有必要用到关键词和图像，而图像最好比较搞笑、有创意并且多样化，这样背单词也能突然变得有趣了。

举例：

英语——shower（阵雨，淋浴）
关键词：小鹅（谐音）
图像：一只小鹅在雨中淋浴。

西班牙语——manzana（苹果）
关键词：满（man）+咋拿（zana）

---

[1] 驴不喜欢涉水，因此过去人们在小河上搭桥方便驴通过，称为驴桥。现在被用来描述通过一句话、一个故事或者一种联系帮助记忆无规律的内容。"驴桥法"也就是花时间搭建小桥但是可以快速达到目的的方法。

图像：一个人看着装满苹果的筐拿不起来。

荷兰语——vakantie（假期）
关键词：娃 + 看题
图像：一个小娃娃愁眉苦脸地在看假期作业题。

德语——fussball（足球）
关键词：赴死吧
图像：很差的足球队迎战德国队……嗯。

英语——justice（公平）
关键词：just（只）+ ice（冰）
图像：一个小孩跟妈妈抱怨被别的孩子打了。作为安慰，他只得到了一个冰激凌，但也算是公平地解决了。
提示：当你的英语学到 justice 这种词的时候，之前一定已经学会不少简单的词可以拿来当关键词用了。

我常听到人说："真要记成这么麻烦吗？""是不是大部分词根本找不到合适的图像啊？""我这创意够吗？""很难的语言也管用吗？"
简单的回答：是。并不。是。是。
说长一点儿：请看一遍这些例子，跟着想象一下图像。

过两天之后再来看看，这几个词是不是还记得。用关键词记忆法背单词确实需要记的东西多一些，但是你会把内容记得很牢。多做一些练习之后，差不多所有的词你都可以想到一个辅助图像。Memrise.com 上面有很多好的建议，这是一个专门做关键词记忆法应用程序的网站。我用它学中文词效果特别好。这里用的关键词记忆法只是针对记单词，而且复习也很重要。不过你用得好的话，没有想象中那么费事（我们在测试效应那一节讲过）。学习语言当然还包括很多其他方面的内容，但词汇量大会是很大的帮助。那些号称不需要记单词的外语学习方法一般都没有用，单词只是以别的方式被记住罢了，毕竟一门语言最终还是由单词构成的。

关键词记忆法不仅可以用来记单词，它在所有记忆技巧中都非常重要。大学生需要记忆很多复杂的内容和概念，但我们可以选择合适的关键词，使记忆画面简单而又有创意。

记姓名[1]

记姓名的时候也可以用到这个方法。我可以在 5 分钟内记住与面孔相对应的 104 个姓氏。在 2015 年 11 月 28 日，我就是靠这个成绩在伊斯坦布尔的记忆大赛上打破了世界纪录。

你能想到记住别人的姓名有什么用处吗？比如跟客户谈

---

1 这里讲的主要是姓。

话，参加活动或者私下里小聚会你被介绍给5个朋友时？我在演讲和课上常常被问起记姓名的问题。跟其他记忆问题比起来，涉及姓名的情境通常没办法用电子设备或者笔记本帮忙。我平常看电视的时候就发现如今问题很严重：越来越多的人把自己老婆孩子的姓名文在身上记着。其实不用怕，记姓名也是可以训练的。使用正确的技巧，你想要记住的姓名都可以记住。

这里的步骤其实跟其他所有记忆技巧的基础一样：图像化思考。比如我要牢记一个人的姓时会做如下五步：

1. 有意识地听懂这个姓；
2. 把这个姓图像化；
3. 把这个人图像化；
4. 联系在一起；
5. 重复一下。

首先你要有意识地听懂这个姓，说起来很合理，但是常常这就是第一个难点。很多人在没听清对方姓名的时候，不太好意思再问一次，这当然就不可能记得住了。下次招待客人吃饭的时候，如果你旁边的人说名字时嘴里还有半个肉丸子，那就稍微等一下，然后礼貌地再问一次。

我的建议是：立刻把对方的姓重复一遍。"你好，米勒

（Müller）小姐。""谢谢，米哈伊洛（Michailow）先生。"这样立刻就能知道刚才是不是听对了。此时对方姓氏已经在你的短时记忆里了，接下来的步骤就可以慢慢来，毕竟你还得专注于跟对方聊天而不是拼命想技巧。一开始就把名字听对了，之后的几步你可以等旁边这位新朋友去自助餐台拿东西吃的时候再做。

接下来的三步是连在一起的。找到合适的图像联系起来是帮助我们大脑完成预期以外任务的关键。首先你要找的是关于这个姓的图像，重要的原则与上一节讲的关键词一样，图像不需要包含这个姓氏的全部信息，只要能让你想起来的程度就可以。你看到"麦子口袋"（weizensack）这个词能想到哪位德国前总统？当然是冯·魏茨泽克（von Weizsäcker）啦。

接下来你还需要一个关于这个人的图像，然后把它跟姓氏图像关联起来。最有用的办法是你想象这个人干一件事，而且是跟姓氏图像相关的事，包括这个人的表情和动作就更好，这样姓氏、人和图像就紧密结合在一起了。我在想姓氏图像的时候，一般把姓分成四个类别，当然，这没有什么科学根据，也不是什么严格区分。

1. 关于职业的姓，比如贝克尔（Bäcker，意为面包师）、米勒（Müller，磨坊工）、施密特（Schmidt，铁匠）。
2. 具体事物的姓，比如施泰因（Stein，石头）、鲍姆

（Baum，树）、罗特（Rot，红色）。

3. 谐音姓——听起来跟某种东西相近，比如赛费特 [Seiffert，拼写似"肥皂"（Seife）]、哈斯 [Haas，野兔（Hase）]、恩格勒 [Engler，天使（Engel）]。

4. 麻烦的姓，比如维拉默雷（Vilamere）、阮（Nguyen）、卡奇马奇克（Kaczmarczyk）。

找姓名的图像时，本义是职业的姓就可以想象这个人在做这个工作。贝克尔（面包师）先生在面包房，米勒（磨坊工）小姐在磨坊，施魏因施泰格（Schweinsteiger，字面语义为骑上猪的人[1]）先生在……不用担心之后会把这个人的姓名和他的真正职业混淆，因为你在记忆的时候负责存储姓名的神经元处于活跃状态，它们会与图像部分的活跃神经元相连接，很轻松就在脑子里把信息归类到姓名部分了。第二类也相当简单，你只要把姓的具体意思直接拿来当图像用就可以了。需要注意的是，同样要想象这个人做一个具体的动作，比如施泰因（石头）小姐在用石头表演杂耍，罗特（红色）先生在刷红漆。

---

[1] 这个姓来源于拜仁地区。schwein 意为"猪"；steig 在拜仁地区的中古德语中有"圈，栏"的意思。据推测，拥有这个姓的人，先祖从事职业或居住地应该跟农业和猪有关。近年的著名人物有德国足球运动员巴斯蒂安·施魏因施泰格（Bastian Schweinsteiger）。

到第三类就比较有意思了。可能你会担心，单用谐音的图像不够用怎么办？回想一下"麦子口袋"和冯·魏茨泽克的例子。你想图像的时候，脑子里出现的还是正确的姓氏。只要你之前有意识地听清了这个姓并且记下来就没问题。因此新认识个姓赛费特的人，想到一块肥皂就足够了，你可以在脑海中想象赛费特小姐拿着肥皂在洗手。方法的重点是图像要把人物和姓氏结合起来。

比较麻烦的姓一般是外国人的姓氏。这些姓氏可能在其母语里有某个含义，但是可惜我们不知道。你猜一下科瓦尔斯基（Kowalski）是什么意思？这是一个常见的波兰姓氏，意思是铁匠，其实就相当于我们德语的施密特。kowal 就是打铁的意思，这个姓的来源跟德国姓施密特的一样，也是先祖从事的职业。如果我知道了这个意思，就可以把科瓦尔斯基先生想象成一名波兰铁匠了。不过大部分时候我们并不知道这个姓在外语中的意思，但也有方法记住它：想象一个小图画故事，主角就是这个姓的主人。比如"Kowalski"，我们可以把它分成 ko（koffer 箱子）、wal（鲸）和 ski（滑雪）三个图，科瓦尔斯基先生有一个箱子，箱子里面有头鲸在滑雪。太荒谬？没错！这种记忆图像就是不需要合理性。这样你有意识地去构想这个画面故事的时候，就正好单独记住了它。

还有另外一种情况：你之前听过的姓氏——可能是明星也可能是身边的熟人。这种情况就把之前认识的这个人拿来当图像。遇到也姓默克尔（Merkel）的女士，我就想象她是总理。遇到波多尔斯基（Podolski）先生，我就想一下：嗯，麻烦的姓，要用图像故事。波多尔斯基先生屁股（po）很（doll）疼，是滑雪（ski）时候摔的。或者你想到的是：这位先生跟卢卡斯·波多尔斯基（Lukas Podolski）[1]一起踢球，如果你认识球员波多尔斯基的话。

现在你可以想一下汉语中人名的记忆：因为中国的姓名很多都有本意，记忆它就容易一些。比如名叫"王勇"，你是不是很快会联想到他是一名勇敢的国王？

再来看英文名的例子：看到摩尔（Moore）这个姓，我们很快会想到从木头里长出来的菌类——木耳，两者发音很相似。然后你就可以想象一下摩尔先生跟人聊天的时候在吃木耳的样子。

给大家一个小建议：在看电视的时候练习一下这个技巧。比如看新闻或者脱口秀节目，注意被介绍人物的姓名然后琢磨一下用什么图像能记住。这样做有两个作用：一个是你可以领悟到这个技巧的要点，另一个是下次在电视上看到这个人的时候，你就会说"啊，我知道这个人叫什么"。有成功经验了，你就更容易在实际生活中实践它。

---

[1] 德国国家足球队前队员。

故事记忆法

当需要记忆的信息没有太多储备知识可用时，另外一种帮助记忆的方法叫故事法。这个方法是把需要记忆的概念用故事的方法联系在一起。重点是这个故事你要确实在脑子里想象一遍，至于能想象得多逼真倒不那么重要。有些人的"内眼"可以犹如看到"真实经历"一样，而有些人闭上眼就只能看到一片漆黑。在记忆力训练中，即使是"黑眼"你也不用灰心，因为这个方法还是有效，不过重点是你得积极参与进来。根据关键词方法，记住的概念可以再次作为关键词用在其他内容上。

我准备了这样一个田园故事。请拿出几分钟，先慢慢地把这个故事仔细读一遍，边读边试着在头脑里想象出场景。接下来读第二遍，注意使用加粗字体的概念，再一次着重想象一下这些概念，同时设想下一步会如何。再读第三遍，争取从记忆中调取故事，一边想一边辅助性地看文字。第四遍是最后一遍，这时故事已经在你的记忆中了，试着自己复述整个故事，除非有必要再看一眼文字。最后，你可以把书放到一边，想着整个故事，然后把所有加粗字体的概念写下来。

一只**紫色的小老鼠**爬到田边去找吃的，看见一头**很丑的牛**在田里。这头牛长着奇怪的**银色胡子**，戴着**帽子**

在**拔萝卜**。这正是一个秋天的**早晨**，天色**朦胧**，**四条蛇**跳着**舞**扭进**马棚**，马棚上方搭着许多画着**蔷薇**花的**阳伞**。这时**神仙孙大圣**跑来问："这儿**有鸡蛋**吗？那边有**许多狗**，我要用蛋去砸它们。"孙悟空拿走了所有的蛋一去不回，**害得猪八戒**没得吃了。

你按我说的步骤做完了吗？不要着急，慢慢来。然后你就会发现，所有或者差不多所有加粗字体的词都写在你的纸条上了。而且是按照原来的顺序！这是因为你投喂给大脑信息的方式是让它最喜欢的，所以记忆效果才如此之好。这个故事里的记忆关键点一共有 24 个，其实很不少了。

现在你发现了什么吗？这个众生同庆、五谷丰登的画面正是十二地支加上生肖的顺序。这个小故事可以帮助你教小朋友记住"子鼠丑牛寅虎卯兔……"，而你也不知不觉中了解了故事记忆法的要点：故事尽量连贯，每个图像或概念代表了一个地支或是生肖。这其中"鼠"和"牛"直接使用本体。但"胡子"代表老虎，"萝卜"代表兔子时则是用了替代图像。如果我们说"一只老鼠见到一头牛，然后牛见到一只老虎，接着又来了一只兔子"，故事就显得单调，不容易记住。

再来试试欧洲各国人口从多到少（单位：百万）的顺序：

1. 俄罗斯（104）
2. 德国（82）

3. 法国（66）

4. 英国（63）

5. 意大利（61）

6. 西班牙（46）

我的故事是这样的：

外面下了**大雪**（俄罗斯），我打算开**汽车**（德国）出去买**葡萄酒**（法国），上了车我发现在后座有一只**鹦鹉**（英国），它说它想吃**比萨**（意大利）。我于是先开去餐馆陪它吃比萨，结果吃得我的牙齿突然疼起来，只好去找医生**先拔牙**（西班牙）再回家了。

重要的是你要想象这个故事画面。如果你有其他的图片代表以上六个国家，那就更好了！一般来说，用自己想象出的图片和编的故事，要比从别人处拿现成的更容易记忆。

位置记忆法

如果你曾经听过我的课，或者读过我的第一本书，那可能已经听说过位置记忆法。或者你在别的地方接触过记忆训练，那应该也知道这个概念，或者它的另一种叫法：记忆宫殿。学术上或者老一点儿的文献里也叫它轨迹记忆法，有没有印象？可能我最好先大致地说明一下这个方法是怎么回事：

找到一条路径或者地点顺序，然后把要记的东西用图像的方式一个个对应进去。

不管你现在是不是明白了，我都请你来跟着我一起试一次这个方法。单讲记忆技巧的话，位置记忆法是很有效的。现在我们开始在脑子里做一个小练习。想象你家的房门或者楼门。想你是如何回到家打开门的。看到了什么？场景是怎样的？我指的不是"哎呀，应该吸地了"这种，而是想一下家里的摆设。我家的话是一开门右边马上就能看到个衣帽架，它旁边的门通往浴室。进到浴室左边是镜子和洗脸池，旁边是浴缸和淋浴。回到走廊进到客厅里，走过开放式壁炉，穿过镂空楼梯，就来到了西厢——差不多这个意思吧。我当然不知道浴室里到底有多少块瓷砖，或者新买的抱枕具体是什么图案。但是主要的摆设一下就能想到，我觉得大家一定也是这样。你从来不用特地去记这些东西，它们自己就在你的记忆里留下了印象。你知道家里什么样子不是什么特别的事情，有意思的在于，你可以好好利用它来做"位置记忆法"——往这些东西上面"摆"图像。

这个方法具体应该怎样做，很多人，包括一些记忆研究者，都有些误解。曾经有一项研究，研究者把实验对象放在磁共振成像下，让他们在一个虚构的空间里记忆物品。其中有的人能在这个条件下比之前记忆的效果更好，我也是服气，很多人是做不到的。这个研究者最后得出的结论是，位置记

忆法不是对所有人都有效。我在这里实在想向同行呼吁，研究某个记忆方法的时候，如果自己还不太明白，麻烦先仔细搞搞清楚再开始做实验。

在这个研究里，两个基本的重点都被忽略了。首先一点是，记忆路线必须是现成的。这也是这个方法不是那么广为人知的原因。在语言学习中或者记姓名时，用到的故事记忆法、关键词记忆法也需要练习，用起来才能得心应手。而位置记忆法更是需要在准备工作上花一定的时间，才能铺好一条"记忆路线"。第二点是，这个路线必须可以跟自己的回忆、自传性记忆结合起来，就是说要在我们很熟悉的场景中或至少去过的地方效果才更好。我白天讲课的时候一般都在午休之前做这个练习。我会让班里的人把上课地点做成一个有 50 个点的路线。有些人就说:"50 个?您可能差不多,我记 20 个点就不错了,可能也就 10 个。"我等着有人说:"要不我记一个点吧,这个点上我就记一个应用程序名,然后把所有东西都存进这个应用程序。"但是我可以告诉你不要紧张,根据我做记忆教练 10 年的经验,所有的学生都能做到记住所有的路线点。只要记忆力正常的人都是可以的,不过是有人快点儿有人慢点儿而已。因为我们是在充分利用自己的记忆力,所以这都不是问题。我的建议是:最好用你自己的家或者你常去、在你的记忆里很熟的地方。现在我来给大家一个简单的说明:

在你家想一条有 50 个点的路线出来!

具体怎么做呢?你大概需要一个小时的时间,最多一小时。目标是在你家里建立一个依次经过 50 个东西的路线:一要背得出来顺序,二要想象得出来。所谓想象出来不是一定要在脑海中浮现出个图像,而是你想象得出哪些位置点是挨在一起的,接下来应该往哪儿走就够了。你可以就从房门或者楼门开始,作为 1 号点,然后看看旁边有什么,比如衣帽架,那就是 2 号点,依次类推。可以用笔写下来,但是只能作为辅助。我的建议:不要一边设置路线一边写,而是每隔 10 个点停下来一次,闭上眼睛回想一下从 1 开始的所有的点。等 50 个点放置完毕,再把脑子里记的点写出来。

接下来还有一些设置位置点的建议:

1. 位置点设置要明确。同时用到厨房里的水池和浴室的洗脸池没有问题，但是走廊里三扇长得一样的门就算了。

2. 选择比较正常的放置点。比如从房门开始，看看旁边有什么，然后继续，最好不要事先想好路线里应该包括什么。假如你有一个姑姑送的小凳子，你一直觉得丑到不能忍，到绝对不会忘的程度，当你走到那边时就正好可以当成一个位置点用上，但是不需要特地走到那儿去或者特地跳过去——就是说要走一个所谓的正常路线出来。

3. 你可以把在一个房间或者一个方向上的 10 件东西编为一组，方便你之后整段向前跳过。毕竟 50 个位置点还是挺多的，很多时候一个主题 20 个点就够用了。这样你可以从 21 号开始用来记新的主题而无须把之前的点从头过一遍。此外，在使用它记忆的时候也方便检查："我在厨房只放了 9 个图像？每个房间应该有 10 个才对，肯定是缺了一个点。"

4. 不要超过 50 个位置点，但也不要少于 20 个。太多了容易不够直观，宁愿分成 2 条或者更多条路线。比如我自己在伦敦的哈罗德百货公司（Harrods）记了 3 条路线，每条 50 个点。每当数够了 50 个点开始影响到路线清晰度了，我就换一层重新设置一条路线。

你现在把 50 个点的路线想好了吗？还没有？那就写在记事本上、写在日历上、设在闹钟上、跟身边人都说一下，好让自己记得去做。这个方法非常强大，如果不试一下会很可惜。而且你一旦掌握了，很多地方都用得上。

设好路线了现在要怎么开始用呢？因为路线上的位置点已经在你的记忆里挂牢了，所以现在就可以作为辅助工具来用了。在你去背诵整个维基百科（Wikipedia）之前，先尝试记一个简单的词汇表比较合适。要把这一串概念印在脑子里，首先在每一个位置点上想象一个图像，这个图像要把这个词语和这个点联系起来。此时路线点的顺序是定好的，第一个词语记在第一个点上，第二个词语放在第二个点上，第三个……好了，你应该懂这个意思了。一开始肯定比较难想出图像，不过每个人都有一定的想象力和创造力，只是你需要把它们稍微唤醒一下。网上就能找到很不错的词汇表。

举个例子：你的前 5 个点是房门、衣帽架、镜子、鞋柜和小地毯。要记的词汇表是你在白天想到的 5 种家里需要买的东西：厨房纸、洗洁精、灯泡、麦片和牙膏。然后想象一下这 5 种东西在 5 个路线点上比较有创意、最好是有趣的画面：缠满厨房纸的房门；一瓶洗洁精在衣帽架上晃晃悠悠，你很怕它掉下来；镜子中间镶了一只亮着的灯泡；装满了麦片的鞋柜；你踩了一支在地毯上面打开的牙膏……

可能你想要有效利用位置记忆法来记其他一些不那么有画面感的东西：姓名、专业概念、抽象内容等。这时就像用关键词记忆法一样，你不需要把词语本身安在位置点上，而只要找到一个关键词（比如谐音的词）放在位置点上，能从这个词联想到要记的概念就可以。比如：你回家打开门看见一只可爱的"熊猫"在门口跳来跳去，想想如果在你家门口真的有一只熊猫你会跟它说什么？脱下外套，看到衣帽架上挂着一份"咖喱饭"外卖，想象下咖喱的味道。好了，接下来瞄到镜子上有红色的"印泥"，谁把印泥抹在了那里？打开鞋柜，发现有只"白鸡"躲在你鞋里。原来是旁边地毯上睡着一只"孟加拉虎"，好像随时可能醒来。你急忙往右走拐进卫生间，那里的垃圾桶里扔着好多"寿司"，真是浪费！马桶盖上摆着一只"香蕉"，旁边装满水的浴缸里映着一轮"月亮"，浴缸前面的垫子上放着一个装满换洗衣服的"衣篮"，让人无处下脚。旁边毛巾架上挂着一只"土鸡"，洗手池前一个"僧人"在洗脸，墙上的画框里贴着新开的"面店"广告。

　　类似这样把这些图像安在你自己的路线点上想一遍，记住了吗？祝贺你，你已经记住了亚洲人口排名前12的国家：中国（熊猫）、印度（咖喱）、印度尼西亚（印泥）、巴基斯坦（白鸡）、孟加拉国（孟加拉虎）、日本（寿司）、菲律宾（香蕉）、越南（月亮）、伊朗（衣篮）、土耳其（土鸡）、泰国（僧人）、缅甸（面店）。

　　有人问到一个问题："路线被占用了怎么办？要想一个新路线吗？这样记东西也太没效率了。"答案是："是，也不是。"首先这一点是对的:你家里的路线设定好,记了东西之后,确实没法立刻重新用来记忆别的东西,之前的图像会跑出来干扰。咖喱饭里可能混了洗洁精,鞋柜里的白鸡沾了一身麦片。没错,我们的大脑很善于把瞎搞的东西再瞎搞一次。所以我们有了"德国好——孩子声音"和"明斯特——犯罪现场"这些节目。

但我们也并不需要一直开发新的路线,这其实关乎另外一个问题:已经记住这个信息的时间。厨房纸在门上包了多久?位置记忆法在这一点上跟"学习"那一节讲过的道理是一样的。我们的大脑需要一定次数的重复才能长期保留某项记忆。位置就像专家记忆的模式一样,直接挂在了长时记忆里,因此可以继续存储新的内容。在实践中,你利用位置记忆法记忆的内容和画面会在脑子里保留几天时间,之后就会渐渐淡去。所以我们需要适时地检查一遍记忆路线来复习,看一下是不是每个点的画面都还在。如果你是当天或者第二天甚至一周之后检查,它们一定都还在。第三次复习之后,记忆内容就跟海马体基本脱离,你可以重新再用这个路线了。此时你再来记第二套内容就不会被之前的图像干扰。我自己在有些路线上记忆了很多套不同的内容,只是每次重新启用之前都经过了一个等待期而已。另外,像我这种什么都当成记忆训练用脑子记的人,有些内容也不需要一直记着。比如你有一个要处理事情的清单,然后努力去把该打的电话都打完,过几个星期也就不需要这个单子了。一段时间之后没有重复过的图像会渐渐淡忘掉,这条路线又可以拿来用了。

在等待期间你可能需要开发新的位置点。一条50个点的路线其实已经可以用来记不少东西了。不过如果感觉不够用的话,可以很简单地通过其他路线来补充。我比较喜欢在度假的时候开发新路线,这样可以把美妙时光也一并记住。实际操作中我有一个建议:同一个主题的内容尽量利用多条路线。大学生记得不要把同一门课的知识点反复挂在一条路线上。用过这个方法的人就能体会,必要的时候需要调整和开发不同的路线。有人用视频游戏做路线,有人用最爱的电影场景做路线,不管是《中土世界》(Mittelerde)还是《诺丁山》(Notting Hill),其实都可以。

我自己储备有70条50个位置点的路线。平常其实根本用不到,不过在记忆运动比赛中,比如三天时间不停密集硬记的时候就用得上了。在过去还有更厉害的,一些中世纪文献里提到,这种记忆技巧是当时年轻神职人员培训时的重要内容。未来的牧师和修士们在学习期结束时最好能有1000个位置点。不过同时,他们却把创意和荒谬的图像看作危险的魔鬼工具,因此位置点全部设置在教堂和修道院里。我是不知道他们是怎么做到区分这些地方的,不过倒是提供了这种可能性。

位置记忆法有非常多方面的用处,它是记忆训练中的一个重点,我非常推荐大家学好这个方法,同时建议大家在一开始的时候用这个技巧先去练习记一些简单的词汇,比如拿购物清单作为记忆游戏和练习工具。等到你把这个技巧用熟了之后,再把关键词记忆法结合进来记忆复杂内容。这个方法不但对中学生和大学生帮助巨大,在工作和生活中也非常有用。你可能有一个非常重要的疑问:"可是我要记的内容很复杂,并不是一个单线的单词表啊!"没错,但是复杂的内容说到底也是线性的,至少能印在书上的都是一串符号嘛。现在我要告诉大家,最好不要背书,只有很少的情况下才需要这样做。但是背书这件事说明复杂的内容是可以以这种方式记忆下来的。如果总是用同一个图像记忆一个专业词语,你就自动建立起一个知识网络了。

  这个方法还有其他用处。我自己会有一个"临时清单"作为工作记忆的扩充。比如在散步、开车或者刷牙的时候突然想到个事情需要记着,同事在走廊里跟我提到一篇我需要去看的文章,或者洗澡的时候想到一个好主意,我就把它放在这个清单里。我用的都是方便联想的简单图像,然后每天找个时间在脑子里过一遍再把内容写下来——机智如我,平常当然也是需要用纸笔的。不过到现在为止,我还没有担心过把位置点忘记,也不用在每次使用之前先说一遍来确认。更多时候我是循环使用这些位置点,50个用满了之后再从前面重新开始。因为同时超过5个东西的情况比较少,所以回到开头的时候，这里的图像已经足够旧了。

另一个很不一样的用法是我最近才发现的。位置记忆法也可以用于自传性回忆来记忆自身经历。这个方法改善了另一种记忆形式，对于记忆事实性内容的效果非常好。这一点让我感觉非常神奇，它就像是过去家里的影集或者如今手机里的相册一样，可以帮助我们想起很多照片上没有显示的内容。

这个记忆法对于一些特别人群显得格外重要。比如有抑郁症的人常常伴有记忆问题，他们尤其很难回想起之前一些积极正面的经历。最近剑桥大学的研究者用位置记忆法成功帮助他们达到了改善症状的效果。与传统治疗方式下需要自己探寻正面事件的患者相比，那些参加了位置记忆法课程、学会用这个方法记住积极经历的患者，在一周后没有预先通知的情况下，能够明显回忆起更多积极经历。位置记忆法对阿尔茨海默病的患者也很有帮助。尽管随着病程进展患者最终会在某一阶段失去使用这个技巧的能力，不过一项美国学者的研究表明，在此之前这个方法还是大有用处的。比利时的失忆症研究者卡斯帕·博尔曼斯（Kasper Bormans）发现，这个方法还可以用作改善与患者交流的工具。[8]

记忆数字

如果需要记忆的是抽象内容，比如数字什么的，单靠位置记忆法就不够了。我们当然可以想象3在门上，9扭在衣架上，8在浴缸里游泳，不过很快就到极限了。因此需要把数字替换成图像。最简单的系统就是每个数字都对应一个样子相似或者有逻辑联系的图像，如下图。

现在记忆一个数字就可以用这些图画来编一个小故事或者用位置记忆法了。比如你新手机卡的密码是3168，你就想象你的手机被三叉戟叉起来架在蜡烛上烤，熔化了之后被捏成一个骰子最后送给一个雪人。记这么多当然比直接记数字要麻烦，但是这样记会尽量激活更多不同的记忆系统和脑区，

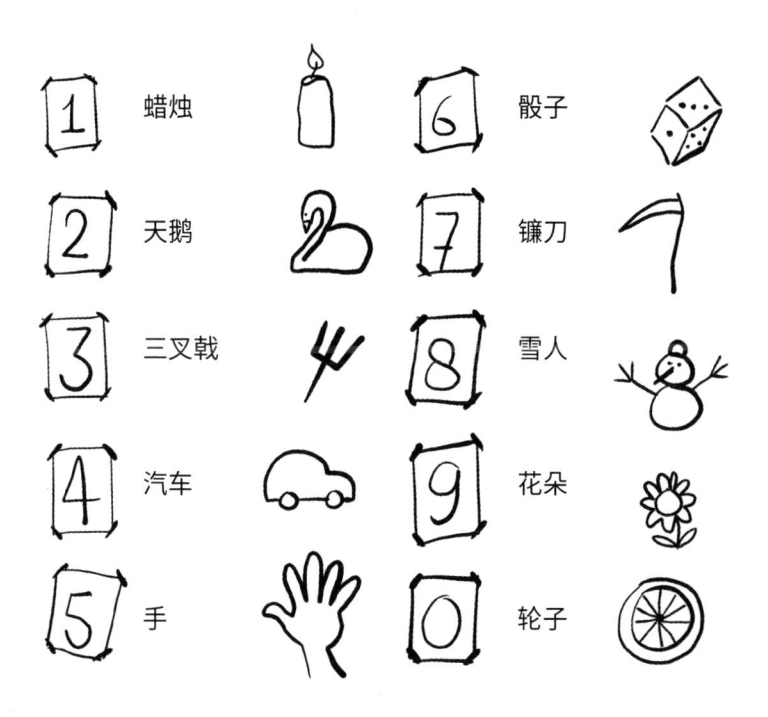

1 蜡烛		6 骰子	
2 天鹅		7 镰刀	
3 三叉戟		8 雪人	
4 汽车		9 花朵	
5 手		0 轮子	

让这几个数字的组合保持住。密码你输入过几次之后应该就能记住，但是如果哪天突然忘了，这个故事肯定比数字组合本身容易想起来。

不过这个系统也很有局限性。比如我在比赛中需要 5 分钟之内记住 300 位的数字，统计角度看应该有 30 个雪人，那想起来就只剩下雪人入侵的画面了。假如你看到这里已经对记忆技巧有了一点点兴趣，那我鼓励你试着学一下"基本记忆法"。这个方法在 18 世纪就有了，在此之前也有更古老的相关版本。它的技巧在于，把数字转换成读音而不是画面。同时重点是，元音 a、e、i、o、u 不计入在内，下面的对应只是作为辅助例子，这个方法没有特定的规则，对应方法是任意的。不过相似的发音会被归整到一起。

对应转换的发音需要练熟，接下来的一周时间里每天看一遍，偶尔想起来自问自答一下。掌握这个转换表之后，相当于你会了一组密码，每个单词都可以转换成数字。纯粹是发音上的。

Maus（老鼠）= 30。M = 3，s = 0，au 是元音不计入数值。

Tasse（杯子）= 10。T = 1，s = 0，其中 ss 读起来只有一个 s 的音，因此算 0，而不是 00。

Straßenbahnschienenritzenreiniger（电车轨道保洁员）= 014029262241024274。

你检查过我这个数对不对吗？检查了就好，一直要保持

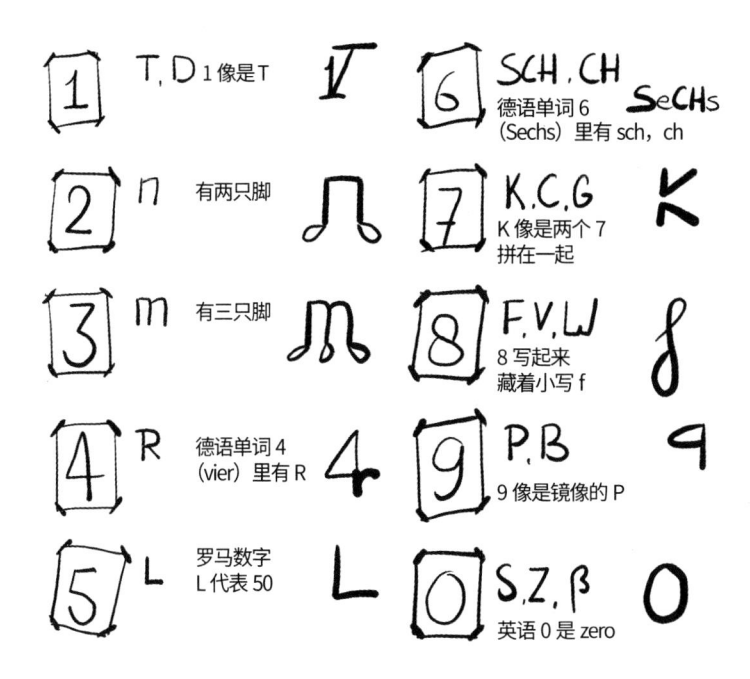

1	T, D 1像是T	6	SCH, CH 德语单词6(Sechs)里有sch, ch
2	n 有两只脚	7	K, C, G K像是两个7拼在一起
3	m 有三只脚	8	F, V, W 8写起来藏着小写f
4	R 德语单词4(vier)里有R	9	P, B 9像是镜像的P
5	L 罗马数字L代表50	0	S, Z, ß 英语0是zero

谨慎质疑的态度。

　　用这个密码就可以把要记的数字转化成画面了。为了记得更快，下一等级可以记一个从 00 到 99 的转换表。你每天记 10 个，10 天下来就能在脑子里记熟了。[9]

　　假如你现在要记信用卡号，就可以把卡号两位两位地分隔开，然后把对应画面用在位置记忆法上。稍微练习一下就能轻松上手了，练习更多的话还有可能达到记忆运动选手的成绩。给小朋友们一个建议：可以跟奶奶赌 20 欧元，你能记住一个50位的数字，前25位数字用之前的位置记忆法，后面的数用"基本记忆法"，每天记一些，这样你买本书的钱就能从奶奶那儿赚回来了。

记　牌

"基本记忆法"不但记数字很有用，而且在记忆其他有大量重复信息的内容时也用得到。记忆大师常常是以这个方法为基础来展示自己惊人的记忆能力。就像我2004年第一次上电视节目《想挑战吗？》时完成的"订单挑战"项目，按编导的意思应该叫"超级服务生"，需要把我塞进服务员制服里才对。这个任务需要在4分钟内记住50位客人点的菜，对我来说也挺不容易。菜单上的菜都有编号，它其实也是个数字系统，因此我用的是"基本记忆法"。

一个类似的练习是记牌。这个练习我非常推荐，它是一项非常好的记忆技巧练习，而且可以帮助你提高速度。同时，它记忆的是很客观的内容，方便你比较自己的速度提高了多少。记牌的实际用处当然有限，不过只要你不是立刻告诉所有人你做了练习，赌赢的钱肯定够请店里人都喝一杯的。在我这儿或者其他一些记忆运动选手那里，一开始正是被这个记牌的本事给震住的。我从没想过自己能把一副打乱的牌全部按顺序背出来。仅仅练了两个下午，我就学会了记牌，当然不是一点儿错误也没有。又过了一个星期，我通过每天一次的练习，可以成功做到不出错！

具体来说就是把牌面像数字一样记成图像，这可以用几种不同的记忆方法来实现。我最喜欢的记忆方法是当时我在 MemoryXL 上面找到的，由斯特芬·比托（Steffen Bütow）发明。我根据自己的喜好又发展了一下，一直用到今天。每个符号看成一个主题：方块看起来像是小丑鞋上的图案，所以方块＝马戏团；红桃代表爱情和人，所以红桃＝人；黑桃形状像树叶，所以黑桃＝大自然；梅花让人想到法庭的十字架，所以梅花＝法庭和监狱。接下来每张牌都以此联想出一个画面，比如红桃 4 是"鼻子"，因为红桃代表人，而 4 的形状像鼻子；黑桃 8 的图像是"雪人"，因为主题是大自然，正好适合雪人的联想；梅花 K 的图像是"法庭上的国王"。如果你每天记住一个主题的 13 张牌，而且有自己的 50 点路线图，每天拿几分钟时间出来练习，一周后就能做到记住整副牌的顺序了。试试看吧，我保证你可以。

记一切

如果看到这里你已经掌握了之前讲到的所有技巧，那真的可以在这个基础上记忆更多东西了。位置记忆法只是单线性的没错，但是每本专业书说到底也都是一串词汇。这不是说我推荐大家逐字背诵全书，但是在遇到复杂内容时，我们也可以把要点逐个记在路线点上。要完成这个任务我们常常需要把关键词记忆法结合起来使用，加上故事记忆法也可以。对于完全没听过的专业词汇，先找到一个关键词；关联在一起的内容可以用较少的路线点串成整个故事。重点是在长期学习过程中记得必要的复习、自我检测并且做一些思考，看看用哪些记忆方法更好。你会发现付出的这些时间和精力很值得，因为创建画面和记忆故事的技巧你会在后来掌握得越来越熟练，可以同时运用多个记忆系统。

不过我有手机啊

今天还有必要学习2000年以前的技巧吗？手机的存储功能不是好用得多吗？感觉手机让我们变得更聪明了呢。事实恰恰相反，手机的功能对我们的记忆力是有负面影响的，比较夸张的就是手机依赖症了。

2016年一项针对美国大学生的研究发现，高强度地使用智能手机对学习成绩影响很大。差不多同时进行的另一项研究显示，几乎一半的美国大学生有实际或者潜在的手机依赖症。不过这两项研究我们也需要审慎看待。沉迷某种东西对学习成绩有负面影响，没什么稀奇的。那些对酒精、游戏或者其他事情成瘾的学生确实有很多成绩差的，但是把每天带着手机用几个小时的学生都认定为手机成瘾症好像并不合适。此外，也不是一定要到"成瘾"的程度才对成绩有影响，这一点你在平常生活中一定也体会到了。

如今的我们已经不太记得住电话号码，开车时也只会盲目地跟着导航，根本说不清楚一路怎么开过来的。科学研究也证明了这个趋势不是幻觉。有一项调查的结果显示，一半的欧洲人记不住自己伴侣和孩子的手机号码，不过60%的调查对象还记得自己10岁时家里座机的号码。不过我感觉对现在的小朋友来说这个问题可能没法问了，很多孩子已经根本不知道"家里座机"是什么意思。

另一项研究的内容是：如果一直有网络可以用而且允许在网上搜索，有多少人能记得"常识题"的答案。复杂一点儿的，比如有哪些国家的国旗只有一种颜色，大部分的实验对象在可能的条件下都立刻去上网查一下，迅速找到答案然后很快就忘记了，不过他们会记得当时这个答案是在哪里找的。我最近的研究是关于导航和其他现代设备，比如智能手机和智能眼镜 [比如谷歌眼镜（Google Glass）]，对记忆的影响。结果发现实验对象都非常依赖导航的指示，因此根本没有把路线记在脑子里。年轻学生常常连自己的手机号、银行账号，甚至邮编都记不住，来上我的课填报名表的时候还要从手机里现查。

不过调查结果也显示，只有12%的欧洲人认为反正可以在手机上查，把东西记在脑子里已经没有意义。这样看来本节标题那样的想法也并没有太大的市场。在德国，对智能设

备不信任的人要更多一些，这里面曼弗雷德·施皮策有很大功劳，他的《数字失忆症》一书引起了人们对这个问题的很大关注。第一章中，我将施皮策对我们记忆的担忧与柏拉图对引入文字书写的类似关注做了对比。我承认这个类比有点儿不公平，而且在有些点上我跟施皮策的想法也差不太多。我个人主张有意识地使用新媒体设备，但是夸大这个问题的严重性也没必要。我和很多同事一样，对施皮策有倾向性地选择研究来支持自己观点的做法是持批评态度的。

媒体消费常被提到的一点影响就是人与人之间的社交减少了，是"有脸书却还是孤独"还是"因脸书而孤独"？不过通过综述研究，我们发现这个结论其实并不成立。一个常常被提到的早期研究是在 20 世纪 90 年代末就开始的，它研究了互联网用户并且得出结论：他们是缺乏社交的人。不过这个结果更应该解释为 20 世纪 90 年代那批最早的互联网用户本身就是不爱社交的技术宅。今天的情况差不多是反过来的，年轻人没有网络社交简直就是异类。相应地，如今的各项研究再也没有关于上网影响社交的结论了。

那对于记忆力的影响又是如何呢？我自己可以作为例子，我能在 5 分钟内记住 300 多位的数字，但是平常脑子里并不记着手机号码。我跟女朋友在一起一个月的时候，有个记者突然发现我竟然记不住女朋友的手机号码。其实很正常啊，我存在手机里了嘛。就在我写这一段的时候，我女朋友问我今天的《犯罪现场》演哪一集？我打开谷歌给她搜了一下，然后就接着码字了。写了两行之后我发现，自己已经不知道刚才查到的答案是什么了。

与此同时，我很清楚保持记忆力的意义，也明白保留记忆的意义。女朋友的手机号我查一下就有，没有什么成本。可是如果她的名字我也得现查的话，估计我们的关系就很危险了。那其他没有像男女朋友这样亲密的关系呢？如果你记不住某位几个月见一次的客户的名字，他应该不至于生气，但是你也失去了一次给他留下好印象的机会。而记住重要的知识用处就更大了。如果一个人每次用到信息都是条件反射地去查然后立刻忘记，而不是去试着记住它（在欧洲，这类人在前面提到的调查报告中大概是23.6%），那就没法在长时记忆中建立起知识网络，从而记住更多重要的信息和知识。知识网络的重要性我在前文的记忆模式和各类专家的超强记忆那段讲过。

　　想要有创新的想法不但需要理解复杂的主题，也要有必要的知识储备。夸张地讲，如果一个人"任何事"都要查过才知道，他所能联系在一起的信息点就永远只有工作记忆中的那么一点儿。这在今天的中小学生中已经渐渐成了一个问题。我们应该意识到记忆的重要性，而不是谴责现代设备或者禁止孩子使用，一来做不到，二来没意义。记忆技巧恰恰在今天这样的时代极具现实意义，即使我们用了2000多年的脑如今因为搜索引擎的存在而改变了连接方式，有些东西却是不变的：视觉存储是我们最好的记忆系统，如果我们打算在这长长的一生中都能有记忆力陪伴，就要好好地使用和锻炼它。

是否一切皆有可能

记忆运动

1991年,世界上第一届记忆运动比赛在伦敦举行,并且同时宣布为世界锦标赛。参赛者的自信也是令人佩服,因为他们只有7个人,全部来自英国,在伦敦见面后进行了比赛。然而他们开创的事情的确了不起,今天世界上很多国家都有记忆运动大赛,比较大型的比赛还有奖金和媒体关注。

最早关于记忆运动选手的研究也开始于20世纪90年代。当时参加研究的是那些说自己的好成绩是天生记忆力好的人,而冠军倒是强调自己的获胜靠的是记忆技巧。研究者当时推测,确实有可能存在天赋异禀的记忆大师。现在的情况当然大不相同了。记忆成绩和世界纪录快速提高,不断被刷新,在我们的研究里,所有的记忆高手毫无例外都是靠记忆技巧和大量练习取得的成绩。而另一项让一般人感觉安慰的研究证明,所谓照相机式的超强视觉记忆力是不存在的。几乎所有比赛的基本规则都是给定带有信息的纸条,参赛者看一会儿之后再默写出来。如果真有人有拍照功能般的记忆能力,那他应该可以轻松地看一眼,轻松地照原样写出来,再轻松地拿到奖金。但是这样的情况还从未发生过。时不时有人出来说自己有照相机般的记忆力,但是一般比赛结果出来,他们的成绩都排在挺后面。

不过纸条项目到目前为止只是减缓了记忆运动在更大范围内推广。如果有一帮人盯着一张纸看半天，然后在上面写两个小时，那这个带感的活动叫高考，即使是记忆运动的粉丝也不会爱看这种比赛。德国电视二台 ZDF 的节目《最强大脑》则证明了最厉害的记忆能力可以用最好看的形式展示出来。与此同时，记忆运动也找到了出路，有越来越多的比赛在电脑上举行，这样观众可以同步看到记忆比赛的进展 [10]。2014 年起举行的"极限记忆锦标赛"（Extreme Memory Tournament）中，选手们在 1 分钟内一对一比赛，很小的分数差距就能决定胜负。记忆运动一下子变得很有可看性，现场直播也有了上千的观看点击。这跟其他运动动辄百万级的观众比起来当然还是差很远，但这毕竟是一个积极的进步方向。

在这些比赛中，选手们展现的记忆成绩令人叹为观止，而且在近几年有大幅提高。2015 年美国的亚历克斯·马伦（Alex Mullen）创造了一个很厉害的纪录，在一个小时内记住了 3000 位阿拉伯数字的正确顺序。瑞典的马文·瓦洛纽斯（Marwin Wallonius）更是可以在半小时内记住 5000 位随机的二进制数字——也就是只有 0 和 1 组成的数。还有，我也打破了自己 2015 年在伊斯坦布尔创造的记名字的吉尼斯世界纪录，能将 215 个名字与其面孔对应起来。很多人听到这些成绩的第一反应都是："哇哦！"第二种反应就是："为什么要练这个？"

以前我一般都这样说（就像我之前听前辈们说的一样）：记数字可以记电话号码，记词汇可以记购物清单，记名字可以用在聚会上。虽然说的都对，不过其实比赛级别的极限成绩跟这些都已经没有什么关系。我从事记忆运动是因为我觉得想出各种有创意的图像编成小故事非常有趣，因为我喜欢挑战自己，用几年时间提高和完善自己之前的纪录，还因为我有进取心，希望在世界顶级大赛上得到高分打败对手。跑圈，把球投到一个筐里，把球踢进一个门里，拿着一个长杆子跳起来，这些比赛从实用的角度说起来也没什么用，但是它们都能给人带来乐趣。而且一般来讲，运动让人变得更健康。脑力运动对我来说是一样的，我练习各种实用的技巧保持大脑活力并且达到很高的成绩，比赛、乐趣和挑战就是最根本的动力。

热衷记忆运动的人其实很多样化。这类项目当然感觉上自带书呆子属性，不过实际上就像乔书亚·福尔（Joshua Foer）在书里写的一样，参赛者的年龄、性别以及社交能力等方面差异巨大。乔书亚是世界著名科普作家乔纳森·福尔（Jonathan Foer）的弟弟，他当时作为记者找到了美国记忆运动队，预期写出一篇《自闭天才的国家队》（*Weltmeisterschaft der Inselbegabten*）这样的报道，结果去了之后发现参赛者各种各样的人都有，由此也对这个项目产生了兴趣。第二年他自己也加入了队伍，并且"不小心"，在全美记忆大赛中获胜。

然后由于这个"不小心"他上了 TED 演讲，还出了一本书。

所谓自闭天才，指的是精神方面有严重的障碍但是某一方面的才华格外突出的人。这种人确实存在。好莱坞电影《雨人》(Rain Man) 就是根据真实人物金·皮克（Kim Peek）的故事拍摄的。另外一些自闭天才可以把整个城市在细节上精准地画出来，或者把一定量的数据记忆得超级好。然而记忆比赛中那种速度特别快或者标准化的记忆测试却不适合他们。或者说，即使能参加，成绩也不如普通的受训选手。他们的能力听起来非常厉害，主要是很多人不太了解记忆这一领域，其实普通健康的人经过训练、运用技巧也可以达到。比如随便给出一个日期就可以说出是星期几被认为是一种超强能力，"雨人"金·皮克就有这种能力，虽然为什么他可以做到还无法解释。他肯定是没有运用技巧，几乎所有报道都说这个能力是奇迹。不过这个技能普通人也可以通过训练获得。这个题目曾经作为心算比赛的项目，那里的心算大师都是完全健康、训练有素的记忆运动选手，而且他们给出结果的速度比金·皮克要快好几倍。因此数以千计来自各行各业的人把记忆运动作为业余爱好，少数人甚至以之为半个专业。

我真心地推荐记忆运动这个项目，一定要试一试！一开始确实需要学习一些技巧，但是之后不断提高成绩就变得很有乐趣了。当你再看到一串数字时，在你眼里，它们已经变成有趣的小故事，实践记忆方法的同时可以锻炼自己的创意能力和记忆力。

记忆训练并不需要太多准备,网上就有很多不错的项目。比如欧洲提高记忆力的协会 MemoryXL,我从 2006 年起担任其会长。我们有来自 8 个不同国家的会员。这是个会员共同参与的协会,提供各种有关记忆力的信息和免费的训练工具下载,组织记忆训练课程、学生比赛以及德国南部和北部的初学者大赛。协会是 2002 年由一些德国的记忆运动选手在魏玛发起成立的。我还记得当时的教练是如何指导和鼓励我的。

我在 RTL 电视台看过金特·尧赫（Günther Jauch）主持的《才智秀》节目,其中有一期是当时的德国记忆大赛冠军金特·卡斯滕训练演员韦罗娜·费尔德布施（Verona Feldbusch,如今改姓波特）记忆一些东西。我被训练效果惊呆了,然后找到这个协会和一些记忆方法,像打游戏一样一关一关地通过,因发掘了自己的记忆能力而大受鼓舞。到了后来,我自己也上了电视节目,在节目上教主持人安德烈娅·凯泽（Andrea Kaiser）和喜剧演员安克·恩格尔克记忆技巧。

现在 MemoryXL 的教练用的已经不是最新的记忆技巧,毕竟作为一个不大的记忆运动协会,没有那么多资金来实现所有人喜欢的方式。另一个学习途径是记忆训练营（Memocamp）,这个网站由来自柏林的一名记忆运动选手创建,需要每月交一点儿会员费。相应地,你可以得到更完善的训练。几乎所有活跃的记忆选手都在用这个网页自我训练。

在我自己的网站 www.boriskonrad.de 上可以找到更多的学习网站地址。

此外，如果你去参加地区记忆大赛，就有很大的机会见到那些电视上出现的著名记忆运动选手，他们都很乐于助人，并且能回答（几乎）所有的问题。只有自己亲身尝试过，才能体会脑力运动是多么有趣。

万事都有边界

大脑在物理层面上是一些神经细胞的集合，它有可预计的连接数，因此我们可以知道大脑不是一个无限的存储器。但宇宙也不是无限大，只不过它的边界远到令人无法想象，所以对我们来讲没有区别。记忆力也差不多，完全不用担心大脑里的记忆空间用完，目前为止还没有哪个人达到过它的极限。拥有大量的记忆并不会导致失忆症。而且正好相反，我们的大脑越活跃，一生中学习的东西越多，记忆力出现问题的可能性就越小。

记忆运动选手能够很快发现自己记忆力的边界然后想办法拓展它。不过这里的边界指的也不是记忆容量的边界，而是记忆速度的边界。把一项内容长时间保留在记忆中是另外一类任务。记忆选手也会很快忘记比赛中记忆的内容，因为比赛主要是需要当时记住而已。但是"Pi运动员"是个例外。这是指专门比赛记忆圆周率小数点后更多位的人。Pi我们上数学课都学过，如果一个圆的直径是1，那么它的周长就是 π（Pi）。Pi 是个无理数，也就是说，它的小数点后面有无限多位的数字。最前面是3.14，班里的数学学霸肯定能知道这个数字的前15位。真正的 π 粉每年都要庆祝 Pi 日——3月14日（原因我就不解释了，你自己想吧），吃圆蛋糕（也不用解释），然后搞些书呆子活动，比如背诵小数点后100位。记到100位只靠重复不靠技巧还是可以做到的，但是想成为背 π 的纪录保持者就不行了。根据《吉尼斯世界纪录》记载，目前的世界纪录由印度的拉吉维尔·米纳（Rajveer Meena）在2015年创造，他用10个小时背出了圆周率小数点后70,000位。

然而这里争论得也很厉害，不少人认为日本的原口证（Akira Haraguchi）才是真正的 π 界王者。他在2005年背出了小数点后83,000位，只是没有完全遵照规则，背圆周率似乎成了一件很严肃的事情。欧洲的纪录保持者是来自荷兰的里克·德容（Rick de Jong），成绩是22,612位。德国的纪录是10,904位，它属于很喜欢在演奏会开场用巴赫的古典曲子来热场的管风琴演奏家克劳斯·舒伯特（Klaus Schubert）。德语里记该数字的前几位其实有简单的口诀："Nie, o Gott, o guter, verliehst Du meinem Hirne die Kraft, mächtige Zahlreih'n dauernd verkettet bis in die späteste Zeit getreu zu merken."（神哪，请赐予我大脑力量，让我一直记得这些数字吧。）这句话其实是每个词的字母数对应了圆周率数字（3.1415926535897932384626）。不过如果按照"基本记忆法"和"位置记忆法"肯定记得更好，很有可能在这个项目上取得好成绩。

背诵 π 是不是一个试探人类记忆容量的好办法呢？肯定不是。记忆单纯数字对我们的大脑来说十分困难，即使是运用了记忆技巧也是很累人和紧张的过程。相反，对于计算机来说，这就非常简单了。一段几秒钟的视频所需的储存空间就比几百万位的 π 要多了，这说明我们的记忆可以处理数倍于此的"数据量"。这个"数据量"有多大很难说，因为大脑并不是以数据为基础工作的，回忆和信息都不是确切地储存在一个地方，而是以重构的方式实现。

大脑中确切的神经元数量大致为 860 亿 ~ 1000 亿，而神经突触，也就是神经元之间的连接，数量就更大了。有些不太严谨的书里会写，神经连接的数量比宇宙里的原子数量还多。这当然很扯。我们假设 10^{11} 个神经元每个跟 10^4 个其他的神经元相连接，往大了估计也就是 10^{15} 个连接，每一滴水中都有这么多的原子。有些人认为大脑中有更多"潜在的连接"，那 10^{11} 个神经元的平方就是 10^{22} 种连接。宇宙中有多少原子当然只能粗略地估算。不过一升水的原子数大概是 10^{26} 个，我们的脑粗略估计在 1.5×10^{26} 个原子。如果计算这些原子所有可能的组合连接方式，那才可以打败宇宙（计算得出大概 10^{150} 种连接方式，而宇宙中的原子数是大约 10^{80} 个），不过简单比较一下也不至于要这么拼吧。

更重要的一点是，大脑对信息的学习、整理以及瞬间把信息提供给我们的能力超乎想象的强大。只是要做到这些，需要我们给大脑提出正确的问题并给出正确的指示。心理学家把这叫作调取结构，而你自己就可以通过路线记忆等方法把它们创建出来。与此同时，当我们深入接触某一主题时，大脑也会自己建立起调取结构。关于某一领域你知道的越多，就越容易记住新的信息。当然，在这个过程里，遗忘也始终参与其中，而遗忘往往比记住要难控制得多。阻止遗忘比实现遗忘更容易。我们记住的东西会长期留在回忆里。把想忘记的东西放在脑中的档案架上就好，直到有清洁工来打扫。

关于记忆如何在各个系统中被划分和建立起来，神经元如何学习并用连接的方式储存信息，你应该已经在本书中了解了一些。神经元详尽的工作细节我们目前还不清楚，而且一段时间之内应该也不会有突破。然而每天都有关于新结果、新想法、新理论的研究论文发表，有些被证实，有些被推翻。新方法，比如计算机模拟或者成像技术帮助我们获得新认识。因此，我热爱脑研究并且很开心能给大家介绍这一领域近150年的重要成就和我感到有意思的最新知识。

尽管如此，我们却不能忽略一点：脑研究也有它的边界。机器有最大分辨率，而研究毕竟也只能看到很少数量的人。在慕尼黑，一些志愿者以特定形式和方式进行的实验离我们把结论推论到世界上任何人都适用的程度还差得很远。因此在本书的最后，我要呼吁大家，保持好奇心，自己去尝试哪些方法在你身上有效果。比如测试效应，合上书时自己提问一下，刚刚都读到了什么；或者把插画师塞尔玛·科普曼（Selma Koopman）在本书中的超棒插图全部过一遍，然后试想自己能够讲解多少。请大家勇于尝试各种记忆方法，在保持愉快心情的前提下，拓展自己的记忆力边界。最主要的是在整个一生中都享受学习的乐趣，这是维持记忆力健康最有效的方法。

致 谢

作为记忆运动选手和脑研究者,写感谢语实在是很危险的事情。千万不能忘了哪一位!不过这几乎不可能做到了,因为有太多人给了我灵感和帮助,没有他们的工作就不会有本书的出版。比如阿里斯顿(Ariston)出版社的全部团队成员和兰登书屋(Random House)出版集团,他们把我当成作家,提供了有力支持,并且信任我这种轻松解释记忆运作的讲述方式。塞尔玛·科普曼给我的书画了超棒的插图,把我想要描述的东西成功地用图像展示出来。本书的编辑亨宁·蒂斯(Henning Thies)帮我在语言和内容上做了修正。埃里克·哈夫纳(Erik Haffner)深入地帮我改进内容,使之能在台上和书本中有趣地表达出来。还要感谢其他各项负责人玛丽埃特(Mariëtte)、加比(Gaby)、马丁(Martin)、冬(Dong)以及约翰内斯(Johannes)给书稿的批注和询问进度。感谢丹尼尔·穆尔萨(Daniel Mursa)与我耐心通话,解答我的问题。感谢海因里希·库尔策德（Heinrich Kürzeder）和他的梦幻五星级团队多年来对我的支持，为我管理演讲和课程以及客户的各种事务。感谢我超棒的女朋友玛丽埃特、我的家人，所有科学界、记忆运动界、媒体界和演说界的朋友和同事。感谢所有美好的回忆，感谢你们的存在。

最后，单独的感谢送给我的读者们，谢谢你们购买、阅读、推荐我的书，有了你们才有这一切的实现。

重要文献和资料

推荐视频

所有视频均可以在 www.boriskonrad.de/animk 上找到。

TED 演讲：伊丽莎白·洛夫特斯（Elizabeth Loftus），《记忆的虚构》（*The Fiction of Memory*）

TED 演讲：肯·鲁滨逊（Ken Robinson），《学校扼杀创造力？》（*Do Schools Kill Creativity?*）

TEDx 演讲：卡斯帕·博尔曼斯（Kasper Bormans），《阿尔茨海默病与记忆宫殿》（*Alzheimer and memory palaces*），TEDx 勒芬站

TEDx 演讲：鲍里斯·尼古拉·康拉德（Boris Nikolai Konrad），《记忆冠军的思维方式与方法》（*The Mind and Methods of a Memory Champion*），TEDx Strijp[1] 站

《自然》视频（Nature Video）：《深入谷歌人工智能团队 DeepMind》（*Inside DeepMind, Google's Artificial Intelligence Team*）

"德斯廷·桑德林：每天聪明一点儿"（Smarter Every Day, Destin Sandlin）频道：《反向思维自行车》（*The Backwards Brain Bicycle*）

专业书籍

Beck, H. (2013). *Biologie des Geistesblitzes – Speed up your mind!* Berlin: Springer.

Ericsson, A. (2016). *Peak: Secrets from the New Science of Expertise*. New York:

---

1 荷兰埃因霍温市的工业园区。——编注

Houghton Mil in Harcourt.

Foer, J. (2012). *Moonwalking with Einstein: The Art and Science of Remembering Everything*. New York: Penguin Press.

Kahneman, D. (2014). *Schnelles Denken, langsames Denken, Übers*. Th.Schmidt. München: Siedler Verlag.

Konrad, B. N. (2013). *Superhirn – Gedächtnistraining mit einem Weltmeister*. Wien: Goldegg Verlag.

Korte, M. (2012). *Jung im Kopf. Erstaunliche Einsichten der Gehirnforschung in das Älterwerden*. München: DVA.

Lefrancois, G. R. & Leppmann, P. K. (2006). *Psychologie des Lernens (4. Auflage)*. Berlin: Springer.

Medina, J. (2014). *Brain Rules for Baby, Updated and Expanded: How to Raise a Smart and Happy Child from Zero to Five*. Seattle: Pear Press.

Siegel, D. J. (1999). *The Developing Mind (Vol. 296)*. New York: Guilford Press.

Small, G., & Vorgan, G. (2009). *iBrain: Surviving the Technological Alteration of the Modern Mind*. New York: Harper.

Spitzer, M. (2007). *Lernen: Gehirnforschung und die Schule des Lebens*. München: Spektrum Akademischer Verlag.

Spitzer, M. (2012). *Digitale Demenz: Wie wir uns und unsere Kinder um denVerstand bringen*. München: Droemer.

Waitzkin, J. (2008).*The Art of Learning: An Inner Journey to Optimal Performance*. New York: Free Press.

Worthen, J. B. & Hunt, R. R. (2011). *Mnemonology: Mnemonics for the 21st Century*. Abingdon, Oxon: Psychology Press.

学术文献

第一章

Baddeley, A. (1992). Working memory. *Science* 255 (5044), 556–559.

Conway, M. A. & Pleydell-Pearce, C. W. (2000). The construction of autobiographical memories in the self-memory system. *Psychological Review* 107 (2), 261.

Ingalhalikar, M., Smith, A., Parker, D., Satterthwaite, T. D., Elliott, M. A., Ruparel, K., … & Verma, R. (2014). Sex differences in the structural connectome of the human brain. *Proceedings of the National Academy of Sciences* 111 (2), 823–828.

Miller, G. A. (1956). The magical number seven, plus or minus two: Some limits on our capacity for processing information. *Psychological Review* 63(2), 81.

Parker, E. S., Cahill, L. & McGaugh, J. L. (2006). A case of unusual autobiographical remembering. *Neurocase* 12 (1), 35–49.

Tulving, E. (1972). Episodic and semantic memory 1. In: Tulving, E. &Donaldson, W. (Ed.). *Organization of Memory*. London: Academic, 381–402.

第二章

Blakemore, S. J. & Choudhury, S. (2006). Development of the adolescent brain: Implications for executive function and social cognition. *Journal of Child Psychology and Psychiatry* 47 (3–4), 296–312.

Greicius, M. D., Supekar, K., Menon, V. & Dougherty, R. F. (2009). Resting-state functional connectivity reflects structural connectivity in the default mode network. *Cerebral Cortex* 19 (1), 72–78.

Hackman, D. A. & Farah, M. J. (2009). Socioeconomic status and the developing brain. *Trends in Cognitive Sciences* 13 (2), 65–73.

Harrison, T. M., Weintraub, S., Mesulam, M. M. & Rogalski, E. (2012). Superior memory and higher cortical volumes in unusually successful cognitive aging. *Journal of the International Neuropsychological Society* 18 (06), 1081–1085.

Hartshorne, J. K. & Germine, L. T. (2015). When does cognitive functioning peak? The asynchronous rise and fall of different cognitive abilities across the life span. *Psychological Science* 0956797614567339.

Hodson, J. D. & Strandfeldt, F. M. (1988). *U.S. Patent No. D297, 234*. Washington, DC: U.S. Patent and Trademark Office.

Konrad, B. N. (2014). *Characteristics and neuronal correlates of superior memory performance*. Diss., Ludwig-Maximilians-Universität München.

Kramer, A. F., Erickson, K. I. & Colcombe, S. J. (2006). Exercise, cognition, and the aging brain. *Journal of Applied Physiology* 101 (4), 1237–1242.

Lafuente, M. J., Grifol, R., Segarra, J., Soriano, J., Gorba, M. A. & Montesinos,A. (1997). Effects of the Firstart method of prenatal stimulation on psychomotor development: the first six months. *Pre-and Peri-Natal Psychology Journal* 11 (3), 151.

Lashley, K. S. (1950). In search of the engram. *Society of Experimental Biology Symposium* IV, 454-482.

Markram, H., Muller, E., Ramaswamy, S., Reimann, M. W., Abdellah, M.,Sanchez, C. A.,··· & Kahou, G. A. A. (2015). Reconstruction and simulation of neocortical microcircuitry. *Cell* 163 (2), 456-492.

Montague, P. R., Hyman, S. E. & Cohen, J. D. (2004). Computational roles for dopamine in behavioural control. *Nature* 431 (7010), 760-767.

Nunes, A. & Kramer, A. F. (2009). Experience-based mitigation of age-related performance declines: Evidence from air traffic control. *Journal of Experimental Psychology*: Applied 15 (1), 12.

O'Connor, C., Rees, G. & Joffe, H. (2012). Neuroscience in the public sphere. *Neuron* 74 (2), 220-226.

Paus, T., Zijdenbos, A., Worsley, K., Collins, D. L., Blumenthal, J., Giedd, J. N.,··· & Evans, A. C. (1999). Structural maturation of neural pathways in children and adolescents: In vivo study. *Science* 283 (5409), 1908-1911.

Penfield, W. & Jasper, H. (1954). *Epilepsy and the Functional Anatomy of the Human Brain*. Oxford: Little, Brown & Co.

Pujol, J., Vendrell, P., Junqué, C., Martí - Vilalta, J. L. & Capdevila, A. (1993).When does human brain development end? Evidence of corpus callosum growth up to adulthood. *Annals of Neurology* 34 (1), 71-75.

Quiroga, R. Q., Reddy, L., Kreiman, G., Koch, C. & Fried, I. (2005). Invariant visual representation by single neurons in the human brain. *Nature* 435(7045), 1102-1107.

Rakic, P. (2006). No more cortical neurons for you. *Science* 313 (5789),928 f.

Raichle, M. E., MacLeod, A. M., Snyder, A. Z., Powers, W. J., Gusnard, D. A. &Shulman, G. L. (2001). A default mode of brain function. *Proceedings of the National Academy of Sciences* 98 (2), 676-682.

Ramon, M., Miellet, S., Dzieciol, A. M., Konrad, B. N., Dresler, M. & Caldara, R. (2016). Super-memorizers are not super-recognizers. PLOS One,11 (3).

Sherwood, C. C., Gordon, A. D., Allen, J. S., Phillips, K. A., Erwin, J. M., Hof, P.R. & Hopkins, W. D. (2011). Aging of the cerebral cortex differs between humans and chimpanzees. *Proceedings of the National Academy of Sciences* 108 (32), 13029-13034.

Silver, D., Huang, A., Maddison, C. J., Guez, A., Sifre, L., Van Den Driessche,G., ··· &

Dieleman, S. (2016). Mastering the game of Go with deep neural networks and tree search. *Nature* 529 (7587), 484–489.

Snowdon, D. A., Greiner, L. H., Mortimer, J. A., Riley, K. P., Greiner, P. A. &Markesbery, W. R. (1997). Brain infarction and the clinical expression of Alzheimer disease: The Nun Study. *Jama* 277 (10), 813–817.

Stern, Y. (2002). What is cognitive reserve? Theory and research application of the reserve concept. *Journal of the International Neuropsychological Society* 8 (03), 448–460.

Van Essen, D. C., Smith, S. M., Barch, D. M., Behrens, T. E., Yacoub, E., Ugurbil,K. & WU-Minn HCP Consortium (2013). The WU-Minn human connectome project: An overview. *Neuroimage* 80, 62–79.

Whalley, L. J. & Deary, I. J. (2001). Longitudinal cohort study of childhood IQ and survival up to age 76. *British Medical Journal* 322 (7290), 819.

Williams, J. W., Plassman, B. L., Burke, J., Holsinger, T. & Benjamin, S. (2010). Preventing Alzheimer's disease and cognitive decline. *Evidence Report/Technology Assessment No. 193*. Rockville, MD: Agency for Healthcare Research and Quality.

第三章

Barz, H. & Liebenwein, S. (2012). *Bildungserfahrungen an Waldorfschulen: Empirische Studie zu Schulqualität und Lernerfahrungen*. Wiesbaden: Springer.

Behne, K. E. (1999). Zu einer Theorie der Wirkungslosigkeit von (Hintergrund-)Musik. *Jahrbuch der Deutschen Gesellschaft für Musikpsychologie* 14, 7–23.

Blank, H., Fischer, V. & Erdfelder, E. (2003). Hindsight bias in political elections. *Memory* 11 (4-5), 491–504.

Brown, R. & McNeill, D. (1966). The »tip of the tongue« phenomenon. *Journal of Verbal Learning and Verbal Behaviour* 5 (4), 325–337.

Deci, E. L., Koestner, R. & Ryan, R. M. (1999). A meta-analytic review of experiments examining the effects of extrinsic rewards on intrinsic motivation. *Psychological Bulletin* 125 (6), 627.

Ebbinghaus, H. (1885) Über das Gedächtnis. *Untersuchungen zur experimentellen Psychologie*. Leipzig: Duncker & Humblot.

Ericsson, K. A. & Charness, N. (1994). Expert performance: Its structure and acquisition. *American Psychologist* 49 (8), 725.

Ericsson, K. A. & Kintsch, W. (1995). Long-term working memory. *Psychological Review* 102 (2), 211.

Ghosh, V. E. & Gilboa, A. (2014). What is a memory schema? A historical perspective on current neuroscience literature. *Neuropsychologia* 53,104–114.

Godden, D. R. & Baddeley, A. D. (1975). Context - dependent memory in two natural environments: On land and under water. *British Journal of Psychology* 66 (3), 325–331.

Greicius, M. D., Supekar, K., Menon, V. & Dougherty, R. F. (2009). Resting-state functional connectivity reflects structural connectivity in the default mode network. *Cerebral Cortex* 19 (1), 72–78.

Henckens, M. J., Hermans, E. J., Pu, Z., Joëls, M. & Fernández, G. (2009).Stressed memories: How acute stress affects memory formation in humans. *Journal of Neuroscience* 29 (32), 10111–10119.

Jung, R. E. & Haier, R. J. (2007). The Parieto-Frontal Integration Theory (P-FIT) of intelligence: Converging neuroimaging evidence. *Behavioral and Brain Sciences* 30 (02), 135–154.

Kraepelin, E. (1886). Über Erinnerungsfälschungen. *European Archives of Psychiatry and Clinical Neuroscience* 17 (3), 830–843.

Kuhl, P. K. (2000). A new view of language acquisition. *Proceedings of the National Academy of Sciences of the United States of America* 97 (22),11850–11857.

Loftus, E. F. (1997). Creating false memories. *Scientific American* 277 (3),70–75.

Maguire, E. A., Gadian, D. G., Johnsrude, I. S., Good, C. D., Ashburner, J., Frackowiak, R. S. & Frith, C. D. (2000). Navigation-related structural change in the hippocampi of taxi drivers. *Proceedings of the National Academy of Sciences* 97 (8), 4398–4403.

Maguire, E. A., Valentine, E. R., Wilding, J. M. & Kapur, N. (2003). Routes to remembering: The brains behind superior memory. *Nature Neuroscience* 6 (1), 90–95.

Nisbett, R. E. (2013). Schooling makes you smarter: What teachers need to know about IQ. *American Educator* 37 (1), 10.

Pietschnig, J., Voracek, M. & Formann, A. K. (2010). Mozart effect–Shmozart effect: A meta-analysis. *Intelligence* 38 (3), 314–323.

Ramirez, S., Liu, X., Lin, P. A., Suh, J., Pignatelli, M., Redondo, R. L., ⋯ & Tonegawa, S. (2013). Creating a false memory in the hippocampus. *Science* 341 (6144), 387–391.

Rauscher, F. H., Shaw, G. L. & Ky, K. N. (1993). Music and spatial task performance. *Nature* 365 (6447), 611.

Richardson, K. & Norgate, S. H. (2015). Does IQ really predict job performance? *Applied Developmental Science* 19 (3), 153–169.

Roediger, H. L. & Karpicke, J. D. (2006). Test-enhanced learning taking memory tests improves long-term retention. *Psychological Science* 17 (3), 249–255.

Roese, N. J. & Vohs, K. D. (2012). Hindsight bias. *Perspectives on Psychological Science* 7 (5), 411–426.

Roozendaal, B., McEwen, B. S. & Chattarji, S. (2009). Stress, memory and the amygdala. *Nature Reviews Neuroscience* 10 (6), 423–433.

Squire, L. R. (1989). On the course of forgetting in very long-term memory. *Journal of Experimental Psychology: Learning, Memory, and Cognition* 15(2), 241.

Van Kesteren, M. T., Ruiter, D. J., Fernández, G. & Henson, R. N. (2012). How schema and novelty augment memory formation. *Trends in Neurosciences* 35 (4), 211–219.

Williams, A. M. (2000). Perceptual skill in soccer: Implications for talent identification and development. *Journal of Sports Sciences* 18 (9), 737–750.

第四章

Aljomaa, S. S., Qudah, M. F. A., Albursan, I. S., Bakhiet, S. F. & Abduljabbar, A. S. (2016). Smartphone addiction among university students in the light of some variables. *Computers in Human Behavior* 61, 155–164.

Appel, M. & Schreiner, C. (2014). Digitale Demenz? Mythen und wissenschaftliche Befundlage zur Auswirkung von Internetnutzung. *Psychologische Rundschau* 65, 1–10.

Carney, R. N. & Levin, J. R. (2008). Conquering mnemonophobia, with help from three practical measures of memory and application. *Teaching of Psychology* 35 (3), 176–183.

Crossman, E. R. F. W. (1959). A theory of the acquisition of speed-skill. *Ergonomics* 2 (2), 153–166.

Dalgleish, T., Navrady, L., Bird, E., Hill, E., Dunn, B. D. & Golden, A. M. (2013). Method-of-loci as a mnemonic device to facilitate access to self-affirming personal memories for individuals with depression. *Clinical Psychological Science*

2167702612468111.

Ericsson, K. A. & Chase, W. G. (1982). Exceptional memory: Extraordinary feats of memory can be matched or surpassed by people with average memories that have been improved by training. *American Scientist* 70(6), 607–615.

Hawi, N. S. & Samaha, M. (2016). To excel or not to excel: Strong evidence on the adverse effect of smartphone addiction on academic performance. *Computers & Education* 98, 81–89.

Jaeggi, S. M., Buschkuehl, M., Jonides, J. & Perrig, W. J. (2008). Improving fluid intelligence with training on working memory. *Proceedings of the National Academy of Sciences* 105 (19), 6829–6833.

Jobe, J. B., Smith, D. M., Ball, K., Tennstedt, S. L., Marsiske, M., Willis, S. L., ··· & Kleinman, K. (2001). ACTIVE: A cognitive intervention trial to promote independence in older adults. *Controlled Clinical Trials* 22 (4),453–479.

Kaspersky Lab (2015). The Rise and Impact of Digital Amnesia. (Im Internetals PDF-Datei abrufbar).

Kraut, R., Patterson, M., Lundmark, V., Kiesler, S., Mukophadhyay, T. &Scherlis, W. (1998). Internet paradox: A social technology that reduces social involvement and psychological well-being? *American Psychologist* 53 (9), 1017.

Sparrow, B., Liu, J. & Wegner, D. M. (2011). Google effects on memory: Cognitive consequences of having information at our fingertips. *Science* 333 (6043), 776ff.

Zeman, A., Dewar, M. & Della Sala, S. (2015). Lives without imagery: Congenit alaphantasia. *Cortex* 73 (3), 378 ff.

注　释

[1] 鹳鸟观察甚至在 www.storchenproblem.de 有自己的网站。纪录片《科伦拜校园事件》(*Bowling for Columbine*)中，凶手们在行动前曾经一起去打保龄球。不过媒体只关注了他们喜欢的音乐类型，而没有把这一点作为犯罪原因来渲染。

[2] 该结果来源于一项 2011 年发表的高水平研究，由美国专家切特·舍伍德（Chet Sherwood）领导的团队完成。其他研究得出了不同的比例，但基本结果一致。

[3] 该项研究中，被划分为"聪明"组的女孩 77 岁时尚在世的人数是"不聪明"组的两倍多。两组男孩的在世人数差别不大，不过这里主要有"二战"的原因。

[4] 对 1921 年出生的人而言，智商对是否决定吸烟并无影响，因为那时的人还不知道吸烟的危害，但是它对是否停止吸烟很有影响。

[5] http://www.usatoday.com/story/sports/nba/playoffs/2013/06/17/lebron-james-memory-finals-miami-heat-vs-san-antonio-spurs/2428635/

[6] Barkley, R. A. (2002). International Consensus Statement on ADHD. *Clinical Child and Family Psychology Review*, Vol. 5, No. 2, June 2002. 文

章在线阅读网址：http://www.russellbarkley.org/factsheets/Consensus 2002.pdf

[7] 视觉表象生动性问卷（VVIQ）。

[8] 推荐他在 TEDx 的演讲。

[9] 网络上可以找到很多德语或其他语言的类似表格。比如在我的网站 www.boriskonrad.de 上可以免费下载。

[10] 2016 年 6 月，国际记忆协会（International Association of Memory，IAM）成立了世界记忆运动联合会，为这一运动的成功前景提供了机制框架。